# Die Mechanik der Atome

von

Dr. Gustav Platner.

Berlin W.
Verlag von M. Krayn.
1901.

# Vorwort.

In der vorliegenden Schrift habe ich versucht, die mechanische Wärmetheorie nach verschiedenen Richtungen hin weiter auszubauen, von dem Gedanken ausgehend, dass eine unsern Erkenntnistrieb wirklich befriedigende Kausalität nur durch mechanische Vorstellungen von den Vorgängen in der Natur hergestellt wird. Zu diesem Zweck wurden die Gesetze und Prinzipien der analytischen Mechanik in ausgedehnter Weise auf das Kräftespiel der Atome und Moleküle angewendet. Es ist dadurch gelungen, eine beträchtliche Anzahl wichtiger Aufschlüsse und neuer Gesichtspunkte zu gewinnen. Auf der andern Seite mussten eine Reihe geläufiger Hypothesen und Vorstellungen fallen, da sie vor einer strengen Kritik von dem gewählten Standpunkte aus nicht bestehen konnten. Besonders das Gebiet der Chemie und Elektrochemie wurde in dieser Weise in Angriff genommen, und hoffe ich, für weiteres Vordringen eine Basis geschaffen zu haben. Bei der noch täglich wachsenden Anhäufung des Thatsachenmaterials tritt mit dringender Notwendigkeit die Aufgabe an den Forscher heran, dasselbe einmal nach grossen einheitlichen Gesichtspunkten zu ordnen, um von der Zersplitterung wieder zur Konzentration zu gelangen. Hierzu giebt es aber nur einen Weg, und dieser besteht darin, sämtliche physikalischen und chemischen Prozesse auf die Mechanik der Atome und Moleküle bezw. des Äthers zurückzuführen. Dass dabei die mathematische Behandlung eine grosse Rolle spielt, ist wohl selbstverständlich. Gleichwohl habe ich mich bemüht, dieselbe so einfach wie möglich zu gestalten und die

Bedeutung der abgeleiteten Gesetze und Prinzipien durch ausführliche Erklärung in Worten auch den mathematisch weniger geschulten Lesern verständlich zu machen versucht.

Es liegt in der Natur der Sache, dass zunächst nur die wichtigsten und der erwähnten Behandlungsweise zugänglichsten Probleme in dieser Weise in Angriff genommen werden konnten. Auf Vollständigkeit darf kein Anspruch erhoben werden, auch nicht in Bezug auf die Litteraturangaben. Es würde der Rahmen, welchen ich vorgesehen hatte, damit weit überschritten worden sein. Ich muss daher nach verschiedenen Richtungen hin für meinen ersten Versuch um die Nachsicht der Leser bitten.

I. Kapitel.

# Kraft und Stoff, die Gesetze und Prinzipien der Mechanik.

Um von den Eigenschaften der Materie sowie den Veränderungen, welche dieselbe bei chemischen und physikalischen Prozessen erleidet, eine Erklärung zu geben, hat man sich zu der Annahme veranlasst gesehen, dass dieselbe nicht kontinuierlich ist, sondern aus diskreten kleinsten Teilchen besteht, den Atomen (Dalton 1804), so genannt, weil sie weiter nicht teilbar sind. Ob diese wirklich die letzten Elemente der Materie sind, erscheint fraglich, da die Annahme einer Urmaterie nicht nur eine philosophische Forderung (Fechner) ist, sondern auch von namhaften Physikern und Chemikern früherer und neuerer Zeit vertreten wird (Prout, Crookes, Moissan u. A.).

Der alte Telesius sagt: „Materia una et unus calor frigusque unum hujus universi principia.“ Auch uranologische Betrachtungen bewegen sich in dieser Richtung, von der Thatsache ausgehend, dass die Himmelskörper in ihren frühesten Entwicklungsstadien nur aus wenigen Elementen bestehen. Eine besondere Stütze gewährt solchen Hypothesen das periodische System der Elemente (Lothar Meyer, Mendelejeff).

Die Atome sind nicht gleich, sondern es giebt deren eine grössere Anzahl (76) verschiedener Art. Stoffe, welche nur aus Atomen derselben Art bestehen, bezeichnet man als Elemente. Zu den Stoffen, welche Atome verschiedener Art enthalten, rechnet man die chemischen Verbindungen sowie die physikalischen und mechanischen Mischungen und Gemenge. Die Grenze ist hier übrigens nicht scharf zu ziehen. Es hängt dies davon ab, wie weit die einzelnen Atome sich wieder untereinander zu besonderen Komplexen, denen räumlich und dynamisch eine gewisse Selbständigkeit zukommt, den Molekülen anordnen und von der Art und Weise, wie diese letzteren, wieder zu einander in Beziehungen als molekulare Verbindungen u. s. w. treten.

Was die Eigenschaften der Atome anlangt, so kommt ihnen zunächst eine bestimmte, wenn auch sehr geringe Masse und ein derselben entsprechendes Gewicht und räumliche Ausdehnung zu. Sodann befinden sich dieselben in einer fortdauernden Bewegung fortschreitender oder schwingender Art, und endlich üben sie aufeinander eine Anziehung aus. Auf die speziellere Beschaffenheit der Atome, wie die Annahme einer Ätherhülle, Elastizität, Wirbelringbildung u. s. w. kann nicht näher eingegangen werden.

Die exakte Definition der Masse begegnet Schwierigkeiten. Man definiert dieselbe gewöhnlich als Widerstand gegen eine Kraftwirkung: Trägheitskraft (vis inertiae, Newton). Man misst die Masse demnach aus der Geschwindigkeit, welche ein Körper unter der Einwirkung einer bestimmten Kraft (z. B. eines Stosses) erhält. Meist benutzt man hierzu die Wirkung der Schwerkraft, also das Gewicht, Als Einheit der Masse bezeichnet man dann diejenige, welche ein Gramm (Gewicht von 1 $cm^3$ Wasser bei $4^0$) wiegt. Die Masse stellt demnach die Kapazität für die Entwicklung der Kraft dar.

Die Atome sind nicht die einzigen Bestandteile der Materie, vielmehr befindet sich zwischen denselben noch ein besonderer, feinerer, in allen Körpern enthaltener Stoff, der Äther, welcher auch die unermesslichen Tiefen des Weltraumes erfüllt. Der Äther besitzt keine Schwere, scheint vielmehr selbst die Ursache der Gravitation zu sein, auch vermittelt er die Fortpflanzung des Lichtes, der strahlenden Wärme sowie der Elektricität, wobei das Licht nur als eine besondere Form der letzteren erscheint. Vermöge der ihm zugeschriebenen Inkompressibilität ist er im Stande, transversale Schwingungen mit fast unendlicher Geschwindigkeit fortzupflanzen (C. Neumann).

Der Äther besitzt nicht nur in den verschiedenen Stoffen, sondern auch in den Krystallen nach den verschiedenen Richtungen eine verschiedene Dichte. Es ist dies die Folge davon, dass die Bewegung des Äthers mit derjenigen der Atome in Wechselwirkung steht, der Art, dass die Atome ihre Bewegung an den Äther übertragen und umgekehrt der Äther solche an die Atome abzugeben vermag. Die Übertragung der Bewegung der Atome aufeinander dürfte überhaupt nur durch Vermittelung des Äthers stattfinden, denn die Hypothese von Atomen, welche eine räumliche Ausdehnung besitzen und direkt gegen einander stossen, führt auf fundamentale Schwierigkeiten.

Die in der Bewegung der Atome enthaltene Kraft bezeichnet man als ihre kinetische Energie, die durch die Anziehung gegebene Möglichkeit zur Kraftentwickelung als ihre potentielle Energie. Der Ausdruck Anziehungskraft oder Attraktion ist hierbei bloss der Ausdruck für eine Krafterscheinung sicherlich kinetischer Natur, deren Wesen noch der näheren Aufklärung bedürftig ist.

Die geläufige Definition der Kraft als Ursache von Bewegung ist nicht nur ungenügend, sondern, sobald man den exakten Kausalbegriff zu Grunde legt, direkt falsch (W. Wundt, Logik), denn hier ist die Ursache einer Bewegung immer nur eine andere vorausgegangene Bewegung, wie sie am einfachsten in der Stosswirkung zur Geltung gelangt. Die Attraktion ist aller Wahrscheinlichkeit nach auf den Druck oder Stoss der Ätherteilchen zurückzuführen (Secchi, A Andersohn). Hertz*) hat wohl hier das grösste Verdienst sich erworben durch Anwendung der Theorie der Cyklen.

Die Gesetze, welchen die Attraktion folgt, sind zunächst aus der Erfahrung abgeleitet und lauten: 1. Die Anziehung ist der Masse direkt proportional, und 2. dieselbe ist dem Quadrate der Entfernung umgekehrt proportional. Der letztere Satz lässt sich theoretisch dadurch begründen, dass die Summe der in jeder um ein Kraftzentrum beschriebenen Kugelfläche (Niveaufläche, Aequipotentialfläche) wirkenden, parallel geschalteten Kraftelemente gleich sein muss. Demnach muss die Wirkung auf die Flächeneinheit, da die Kugelflächen sich verhalten wie die Quadrate der Radien, im umgekehrten Verhältnis zu diesem stehen.

Ist die Anziehung, wie wahrscheinlich, die Folge einer im Raume sich fortpflanzenden Bewegung des Äthers, so gelten diese Gesetze nur für ruhende Körper. Für bewegte Massen gewinnt das Doppler'sche Princip eine grosse Bedeutung. Dieses zuerst für Tonquellen festgestellte Gesetz, wonach bei Annäherung an eine solche der Ton höher, bei Entfernung tiefer erscheint, erklärt sich daraus, dass im ersteren Falle die Anzahl der Wellen, welche in der Zeiteinheit das Ohr treffen, grösser, im letzteren kleiner ist als im Zustand der Ruhe, und lässt sich natürlich auf jede Art von Wellenbewegung anwenden. In der Astronomie

*) Hertz führt die Gravitation, unvermittelte Fernkraft, auf cyklische Bewegungen zurück. Die Himmelsmechanik wird dadurch zu einem mechanisch begreifbaren und daher befriedigenden Systeme in geradezu glänzender Weise erhoben. (Prinzipien der Mechanik. p. 252 ff.)

dient es bekanntlich dazu, um die Art und Schnelligkeit der Bewegung der Himmelskörper spektroskopisch zu bestimmen.

Das Gesetz der Attraktion lautet demnach, wenn m und $m^1$ die Massen zweier Körper und r ihr Abstand ist: $A = \frac{m \cdot m^1}{r^2}$. Dem Einfluss der Bewegung hat für die Elektrodynamik Weber Rechnung getragen in der Formel:

$$c \cdot \frac{m \cdot m^1}{r^2} \left[1 - \frac{1}{h^2}\left(\frac{d\,r}{d\,t}\right)^2 + \frac{1}{h^2}\,r\,\frac{d^2 r}{d\,t^2}\right]$$

Tisserand (Comptes r., Bd. 75) untersuchte die Attraktion nach dieser Formel. Der Ausdruck hat lediglich eine empirische Bedeutung, der Wert eines Naturgesetzes kommt ihm nicht zu; dieses zu finden, bleibt der Zukunft vorbehalten. Mittelst der Poggendorf'schen Schwerkraftswage lässt sich nachweisen, dass die Gravitation zu ihrer Entwickelung ebenfalls Zeit gebraucht, indem ihr Druck abnimmt, sobald der Körper mit einer Beschleunigung nach abwärts sich bewegt, so dass bei einer Geschwindigkeit von 11000 m pro Sekunde ihre Wirkung überhaupt aufhören würde. Sie unterliegt also auch dem Doppler'schen Gesetze.

Die Gesetze, welche die Anziehung der Atome beherrschen, sind sehr kompliziert und von ihren räumlichen Beziehungen (der Konfiguration), den Bewegungen derselben und den äusseren Umständen abhängig.

Wenn uns auch eine genauere Kenntnis dieser Verhältnisse zur Zeit noch sehr fehlt, so lässt sich doch eine Reihe allgemeiner Prinzipien als Ausgangspunkt für die weitere Erörterung gewinnen. Zu diesem Zwecke ist es nötig, auf die mechanischen Gesetze, soweit sie hier in Betracht kommen, kurz einzugehen, indem wegen der Details auf das Lehrbuch von Rausenberger verwiesen sei.

Die fundamentalen Sätze der Mechanik lauten:

1. Ein materieller Punkt, auf den keine Kraft wirkt, bewegt sich mit konstanter Geschwindigkeit in gerader Linie (Beharrungsgesetz).

2. Durch eine Kraft wird einem materiellen Punkt eine Beschleunigung erteilt, welche der Kraft direkt der Masse des Punktes umgekehrt proportional ist.

3. Wirken mehrere Kräfte und eventuell das Beharrungsvermögen auf einen Punkt ein, so gelangt er innerhalb eines infinitesimalen Zeitteils dahin, wohin sie ihn bei beliebiger Reihen-

folge nach einander wirkend geführt hätten (Unabhängigkeitsprinzip schliesst den Parallelogrammsatz ein).

4. Als viertes Prinzip fügt sich das der Gleichheit von Wirkung und Gegenwirkung (actio par est reactioni) an: Übt einer von zwei materiellen Punkten eine Kraftwirkung auf den andern aus, so geht von dem zweiten eine gleiche, aber entgegengesetzt gerichtete Wirkung auf den ersten aus. Die Beschleunigungen, welche sich die Körper gegenseitig erteilen, steht daher im umgekehrten Verhältnis ihrer Massen.

Nach allgemeinem Gebrauch wird als Einheit der Länge das Centimeter, als Einheit der Zeit die Sekunde (mittlerer Sonnenzeit) und als Masseneinheit diejenige eines Gramms annommen (Centimeter-, Gramm-, Sekundensystem). Für die gleichförmige, gradlinige Bewegung gelten dann folgende Sätze: Die Dimensionen sind, wenn l den Weg, t die Zeit und m die Masse bezeichnet:

Geschwindigkeit $v = \frac{l}{t} = l \cdot t^{-1}$, d. h. der in der Zeiteinheit zurückgelegte Weg.

Beschleunigung $a = \frac{l}{t^2} = l \cdot t^{-2}$, d. h. Zuwachs an Geschwindigkeit in der Zeiteinheit.

Kraft $k = m \frac{l}{t^2} = l \cdot t^{-2} \cdot m$, d. h. Produkt aus Masse mal Beschleunigung.

Die Einheit der Geschwindigkeit ist hierbei diejenige Geschwindigkeit, bei welcher ein Punkt in der Zeiteinheit die Längeneinheit zurücklegt..

Die Einheit der Beschleunigung ist diejenige Beschleunigung, bei welcher die Geschwindigkeit in der Zeiteinheit um die Geschwindigkeitseinheit zunimmt.

Die Einheit der Kraft ist diejenige Kraft, welche der Masseneinheit die Einheit der Beschleunigung erteilt (das „Dyn“).

Ist die Bewegung eines Körpers veränderlich und die Bahn nicht gerade, so müssen die entsprechenden Differentialquotienten gebildet werden. Wenn also d s der in der Zeit d t zurückgelegte Weg ist, so ist $v = \frac{ds}{dt}$ die Geschwindigkeit und $a = \frac{d^2 s}{dt^2}$ die Beschleunigung; ist k die Kraft, welche der Masse m diese Beschleunigung erteilt, so ist $k = m \cdot a = m \frac{d^2 s}{dt^2}$. Wird die Strecke ds in der Richtung r, welche mit den Koordinaten des Raumes x, y, z die Winkel $\alpha$, $\beta$, $\gamma$ bildet, zurückgelegt, so ist die Geschwindigkeit bestimmt durch die Koordinatengeschwindigkeiten $\frac{dx}{dt} = \cos\alpha \frac{ds}{dt}$; $\frac{dy}{dt} = \cos\beta \frac{ds}{dt}$; $\frac{dz}{dt} = \cos\gamma \frac{ds}{dt}$. Die Koordinatenbeschleunigungen sind: $\frac{d^2x}{dt^2}$; $\frac{d^2y}{dt_2}$; $\frac{d^2z}{dt^2}$. Es ist gegeben ds durch die Gleichung $ds = \sqrt{dx^2 + dy^2 + dz^2}$. Ebenso wird die Kraft nach den Koordinaten aus Masse mal Beschleunigung ausgedrückt, also: $m \cdot \frac{d^2x}{dt^2}$; $m \cdot \frac{d^2y}{dt^2}$; $m \cdot \frac{d^2z}{dt^2}$. Man kann also auch von Koordinatenkräften reden.

Wirken auf einen Punkt x, y, z mit der Masse m mehrere Kräfte ein, deren Komponenten nach den Koordinatenachsen (Koordinatenkräfte) gegeben sind zu $X_1\,Y_1\,Z_1$, $X_2\,Y_2\,Z_2$ etc., die man sich durch Summation vereinigt denken kann zu X, Y, Z, so genügt seine Bewegung den Gleichungen $m \cdot \frac{d^2x}{dt^2} = X_1 + X_2 + \cdots = X$; $m \cdot \frac{d^2y}{dt^2} = Y_1 + Y_2 + \cdots = Y$; $m \cdot \frac{d^2z}{dt^2} = Z_1 + Z_2 + \cdots = Z$. Es folgt daraus: $m \cdot \frac{d^2x}{dt^2} - X = 0$, $m \cdot \frac{d^2y}{dt^2} - Y = 0$ und $m \cdot \frac{d^2z}{dt^2} - Z = 0$ die Gleichungen der freien Bewegung. Moment ist das Produkt der Masse um ihre Geschwindigkeit multipliziert, also $m \cdot \frac{dx}{dt}$, $m \cdot \frac{dy}{dt}$, $m \frac{dz}{dt}$ (die Koordinatenmomente).

Der Begriff Arbeit wird folgendermassen definiert. Bewegt eine konstante Kraft k einen materiellen Punkt von der Masseneinheit in ihrer eigenen Richtung auf einer Strecke s, so hat sie die Arbeit geleistet $k \cdot s$, oder wenn k variabel ist $\int_0^s k\,ds$. Die Einheit der Arbeit ist das „Erg“, welches durch eine Dyn in der Zeiteinheit geleistet wird. Die Arbeit stellt also das Produkt aus Kraft mal Strecke dar: $l^2 \cdot t^{-2} \cdot m$.

Wirkt auf einen in Ruhe befindlichen Punkt von der Masse m die Einheit der Kraft, so erteilt sie ihm die Geschwindigkeit respektive Beschleunigung $\frac{1}{m}$. Nach Verlauf der Zeit t zeigt er die Geschwindigkeit $v = \frac{t}{m}$ und hat den Weg $s = \frac{t^2}{2m}$ zurückgelegt. Also ist $s = \frac{m \cdot v^2}{2}$. Das ist aber auch die Arbeit, welche die Kraft geleistet hat und welche der Körper unter Verlust seiner Bewegung seinerseits zu leisten vermag. Man bezeichnet dieselbe als seine „lebendige Kraft“.

Um einem Körper von der Geschwindigkeit $v_,$ eine solche von $v_{,,}$ zu erteilen, muss eine Arbeit geleistet werden gleich $\frac{m \cdot v_{,,}^2}{2} - \frac{m \cdot v_,^2}{2}$. Die obigen Formeln folgen auch sehr einfach aus den Gesetzen der Gravitation, wenn man die Beschleunigung g durch $\frac{1}{m}$ ersetzt. Die lebendige Kraft durch das Moment $u = m \cdot v$ ausgedrückt giebt $\frac{1}{2} m \cdot v^2 = \frac{1}{2} \frac{u^2}{m}$; ist $L = \frac{m \cdot v^2}{2}$, so ist $dL = m \cdot v \cdot dv$; $\frac{dL}{dv} = mv$.

Bewegt sich umgekehrt der Körper mit der Geschwindigkeit v der Krafteinheit auf die Strecke s entgegen, bis seine Bewegung zu Null wird, so hat die Kraft die negative Arbeit $s = \frac{m \cdot v^2}{2}$ geleistet. Die lebendige Kraft fällt somit unter den Arbeitsbegriff. Man kann dies auch so ausdrücken: Die Arbeit, welche nötig ist, um einem ruhenden Körper eine gewisse Geschwindigkeit (lebendige Kraft) zu geben, ist gleich der Arbeit, die er unter Aufzehrung dieser Geschwindigkeit (lebendigen Kraft) zu leisten im Stande ist.

Daraus folgt das Prinzip von der Erhaltung der lebendigen Kraft, das allgemein ausgedrückt ist: $\frac{1}{2} \Sigma m_\alpha v_\alpha^2 = U + c$ worin U eine von der Zeit unabhängige Kräftefunktion (Arbeit), die jetzt als Potential genauer zu betrachten ist.

Wirkt von einem festen Punkt (Centrum), welcher als Nullpunkt des Koordinatensystems betrachtet werden soll, auf einen materiellen Punkt in der Entfernung r (Radiusvector) und in deren Richtung eine Kraft (Centralkraft), welche der Masse des materiellen Punktes proportional und also eine hiervon unabhängige Beschleunigung hervorruft, so kann man durch das Centrum und die nach Lage, Richtung und Geschwindigkeit gegebene Anfangsbewegung des Punktes eine Ebene legen, welche keine Veranlassung hat, derselbe zu verlassen. Die Bewegung findet also in dieser Ebene statt, und die Koordinaten x, y genügen zu ihrer Bestimmung. Es ist $r = \sqrt{x^2 + y^2}$. Die Cosinus der Winkel, welche r mit x und y bildet, seien $\cos\alpha = \frac{x}{r}$ und $\cos\beta = \frac{y}{r}$. Die Kraftwirkung sei allgemein durch f(r) gegeben. Dann sind die Koordinatenbeschleunigungen:

$$1)\ \frac{d^2x}{dt^2} = f(r)\cdot\cos\alpha = f(r)\cdot\frac{x}{r} \text{ und } 2)\ \frac{d^2y}{dt^2} = f(r)\cos\beta = f(r)\cdot\frac{y}{r}.$$

Macht man bei beiden Gleichungen die rechten Seiten identisch, indem man 1) mit y und 2) mit x multipliziert und subtrahiert, so erhält man $x\cdot\frac{d^2y}{dt^2} - y\cdot\frac{d^2x}{dt^2} = 0$ und durch Integration: $x\cdot\frac{dy}{dt} - y\cdot\frac{dx}{dt} = 0$. Multipliziert man hingegen die erste Gleichung 1) mit $\frac{dx}{dt}$ und 2) mit $\frac{dy}{dt}$, addiert und integriert, so ergiebt sich $\frac{1}{2}\left[\left(\frac{dx}{dt}\right)^2 + \left(\frac{dy}{dt}\right)^2\right] = \int f(r)\,dr$. Die linke Seite ist die lebendige Kraft des Punktes, die rechte hingegen eine Arbeit.

Setzt man $x = r\cdot\cos\varphi$ und $y = r\cdot\sin\varphi$, so erhält man durch die erwähnten Operationen die entsprechenden Gleichungen

$$r^3\cdot\frac{d\varphi}{dt} = c \text{ und } \frac{1}{2}\left[\left(\frac{dr}{dt}\right)^2 + r^2\left(\frac{d\varphi}{dt}\right)^2\right] = \int f(r)\,dr.$$

Setzt man $m\int f(r)\,dr = U$, wobei mit der Masse des materiellen Punktes multipliziert wird, um die Kraftkomponenten zu erhalten, so hat man: $\frac{dU}{dr} = m\,f(r)$ und:

$$\frac{\partial U}{\partial x} = \frac{dU}{dr}\cdot\frac{dr}{dx} = \frac{dU}{dr}\cdot\frac{x}{r} = m\cdot f(r)\frac{x}{r} \text{ und } \frac{\partial U}{\partial y} = m\,f(r)\frac{y}{r}$$

Allgemein lässt sich dies ausdrücken: Ist die Kraft, welche auf einen materiellen Punkt in der Entfernung r einwirkt so beschaffen, dass ihre Komponenten nach den Achsen der x, y, z durch die Differentialquotienten $\frac{\partial U}{\partial x}, \frac{\partial U}{\partial y}, \frac{\partial U}{\partial z}$ einer Funktion U nach denselben Koordinaten ausgedrückt werden können, so nennt man

U die Kräftefunktion oder das „Potential“ der bewegenden Kraft auf den bewegten Punkt. Die Formeln sind also $m \cdot \int f(r)\,dr = U$; $\frac{\partial U}{\partial x} = m \cdot f(r)\,\frac{x}{r}$; $\frac{\partial U}{\partial y} = m \cdot f(r)\,\frac{y}{r}$; $\frac{\partial U}{\partial z} = m \cdot f(r)\,\frac{z}{r}$. Diese Kräftefunktion (Potential) ist der Arbeit gleich, welche von der Kraft von einem beliebigen Zeitpunkt ab bis zum Eintritt der Wirkung geleistet worden ist. Man erhält die Kraftkomponente nach irgend einer Richtung, wenn man die Kräftefunktion nach dieser Richtung differenziert. Die letztere ist also eine von der speziellen Wahl des Koordinatensystems ganz unabhängige Grösse. Es wird auf das Potential noch näher eingegangen werden, vorerst mögen diese allgemeinen Angaben genügen.

Von grosser Wichtigkeit sind für den vorliegenden Zweck die Gleichungen, welche die Bewegung zweier sich anziehender Punkte darstellen. Sie sollen daher jetzt zunächst entwickelt werden. Zwei materielle Punkte, $x, y, z$ und $x_1, y_1, z_1$, sollen eine Anziehung resp. Abstossung) auf einander ausüben. Die Verbindungslinie sei r, also $r = \sqrt{(x - x_1)^2 + (y - y_1)^2 + (z - z_1)^2}$ Die Wirkung sei nun von r und den Massen m und $m_1$ abhängig. Dann müssen nach dem Prinzip der Gleichheit von Wirkung und Gegenwirkung die Beschleunigungen sich umgekehrt wie die Massen verhalten und entgegengesetzt sein.

Die Bewegungsgleichungen sind: $\frac{d^2 x}{d t^2} = m_1\, f(r)\, \frac{x - x_1}{r}$; desgleichen bezüglich y und z. Ferner erhält man ebenso: $\frac{d^2 x_1}{d t^2} = m \cdot f(r)\, \frac{x_1 - x}{r}$ und desgl. für $y_1$ $z_1$. Die Kräftefunktion (Potential) ist $U = m \cdot m_1 \int f(r)\, dr$. Sind beliebige materielle Punkte gegeben, so erhält man aus der Kräftefunktion die Kraftkomponenten auf die einzelnen Punkte:

$$m^1 \frac{d_2 x_1}{d t^2} = \frac{\partial U}{\partial x_1};\quad m_1 \frac{d^2 y}{d t^2} = \frac{\partial U}{\partial y_1};\quad m_1 \frac{d^2 z_1}{d t^2} = \frac{\partial U}{\partial z} \text{ u. s. w.}$$

Der Schwerpunkt ist gegeben durch die Koordinaten $\xi, \eta, \zeta$; $\xi = \frac{m \cdot x + m_1 \cdot x_1}{m + m_1}$; $\eta = \frac{m \cdot y + m_1\, y_1}{m + m_1}$ und $\zeta = \frac{m \cdot z + m_1\, z_1}{m + m_1}$. Die Abstände der Punkte von demselben sind den Massen umgekehrt proportional $\left(\xi - x\right) : \left(x_1 - \xi\right) = m_1 : m$; daraus ergiebt sich: $\frac{d^2 \xi}{d t^2} = \frac{d^2 \eta}{d t^2} = \frac{d^2 \zeta}{d t^2} = 0$. Die Integration liefert $\xi = c_1\, t + C_1$; $\eta = c_2\, t + C_2$; $\zeta = c_3\, t + C_3$ durch Ausschaltung von t ergiebt sich $\frac{\xi - C_1}{c_1} = \frac{\eta - C_2}{c_2} = \frac{\zeta - C_3}{c_3}$, das heisst, der Schwerpunkt zweier Punkte, welche sich gegenseitig anziehen oder abstossen, bewegt sich mit gleichförmiger Geschwindigkeit in einer Graden oder ist in Ruhe. Ein entsprechender Satz ergiebt sich auch für ein System von n Punkten, wenn diese nur inneren Kräften ausgesetzt sind und nur Bedingungen zu erfüllen haben, die sich lediglich auf ihre gegenseitige Lage beziehen. Es bewegt sich dann der Schwerpunkt auf einer Graden mit gleichbleibender Geschwindigkeit. Sämtliche inneren Kräfte können im Schwerpunkt angreifend gedacht werden, wo die Gesamtmasse das System vereinigt angenommen werden kann (Huyghens, Newton).

Um wieder auf die zwei Punkte zurückzukommen, so soll jetzt der Anfangspunkt des Koordinatensystems in den Schwerpunkt verlegt werden, wobei zu beachten ist, dass die beiden materiellen Punkte immer in einer Graden mit demselben liegen und dass die Abstände von demselben $\rho$ und $\rho_1$ sich wie $m_1$ zu m verhalten; es ergiebt sich, dass die Bahnen einander ähnlich sind, sowie dass homologe Längen und Geschwindigkeiten sich wie $m_1$ zu m verhalten. Da $\frac{\rho}{\rho_1} = \frac{m_1}{m}$ und $\rho_1 + \rho = r$ ist, so ist

$$r = \rho \left(\frac{m + m_1}{m_1}\right) = \rho_1 \frac{m + m_1}{m} \text{ und } x_1 = -\frac{m \cdot x}{m_1}; \quad x = -\frac{m_1 x_1}{m}.$$

Die Bewegungsgleichungen werden dann

$$\frac{d^2 x}{d t^2} = m_1 f \left(\frac{m + m_1}{m_1} \cdot \rho\right) \frac{x}{\rho} \text{ u. s. w.}$$

Ebenso $$\frac{d^2 x_1}{d t^2} = m \cdot f \left(\frac{m + m_1}{m} \rho_1\right) \frac{x_1}{\rho_1} \text{ u. s. w.}$$

Durch diese Gleichungen ist die Bewegung als eine Centralbewegung bestimmt, deren Centrum der Schwerpunkt ist. Die Kräfte werden damit auf solche, welche von einem festen Centrum ausgehen, zurückgeführt.

Es soll noch ein für die Molekularbewegung bei den Gasen wichtiges Gesetz kurz erörtert werden: Dasselbe ist, wie sich zeigen wird, jedoch nur näherungsweise richtig. Ein System von Punkten mit den Massen $m_1 m_2 \ldots$, die gegenseitig aufeinander einwirken, möge von einem festen Centrum aus, in welches der Nullpunkt verlegt wird, nach dem gleichen

Gesetze beeinflusst werden. Dabei möge der gegenseitige Abstand der Punkte sehr klein sein, im Verhältnis zu deren Entfernung vom festen Centrum, sodass die Quadrate der ersteren Abstände und der Grössen, welche sie als Faktor enthalten, gegen die Entfernungen vom Nullpunkte vernachlässigt werden können. Nur unter diesen Bedingungen, was nochmals erwähnt sei, gilt dann folgendes Gesetz mehr oder weniger genau: „Wirkt auf ein System von materiellen Punkten, unter denen beliebige Attraktions- oder Repulsionskräfte thätig sind, ein festes Centrum ein, und zwar auf alle nach demselben Gesetze, und sind die Dimensionen des Systems klein gegen die Entfernungen der Punkte vom Centrum, so bewegt sich der Schwerpunkt des Systems mit grosser Näherung so, als wenn in ihm sämtliche Massen des Systems vereinigt wären und das Centrum nur auf ihn wirkte.“

Wenn die Koordinaten des Schwerpunkts $\xi$, $\eta$, $\zeta$ und r dessen Abstand vom Centrum bezeichnet, so sind die Gleichungen

$$\frac{d^2 \xi}{d t^2} = (m_1 + m_2 + \cdots\cdot m_n) f(r) \frac{\xi}{r};$$

$$\frac{d^2 \eta}{d t^2} = (m_1 + m_2 + \cdots\cdot + m_n) f(r) \frac{\eta}{r};$$

$$\frac{d \zeta^2}{d t^2} = (m_1 + m_2 + \cdots\cdot + m_n) f(r) \frac{\zeta}{r}.$$

Bei sehr vielen Vorgängen, welche hier besonders interessieren, ist es nicht möglich, alle einwirkenden Kräfte nach Stärke und Richtung einzeln genau anzugeben. Um aber auch hier die mathematische Behandlungsweise anwenden zu können, hat man zu einem besonderen Hilfsmittel gegriffen, nämlich der Anwendung von Bedingungsgleichungen.

Durch dieselben wird die Bewegung zu einer unfreien und hängt der Grad der noch vorhandenen Freiheit von der Zahl und Art der gegebenen Bedingungsgleichungen ab. Die Modifikation, welche die freie Bewegung unter der Einwirkung der molekularen Kräfte erleidet, sucht man durch supponierte Hilfskräfte, mechanische Analoga oder entsprechendes leistende Vorstellungen der Rechnung zu erschliessen. Diese mechanischen Vorstellungen müssen demnach so beschaffen sein, dass die Bewegung möglichst genau auf derselben Bahn erfolgt, wie sie sonst das Gesamtresultat zahlreicher, höchst verwickelter und im einzelnen nicht zu verfolgender Kräfte ist. Selbstverständlich erhält man damit nur Näherungswerte. Was aber damit bei der Wahl guter Analogieen erreicht werden kann, zeigt der Erfolg der Maxwellschen Theorie der Elektrizität und des Lichtes. Die Einführung von Bedingungsgleichungen ist also nur eine Fiktion, welche durch präzisere Angaben, wie man sich die Art ihrer Wirkung zu denken hat, ergänzt werden muss. Die Erfahrung muss dann lehren, wie weit diese Angaben mit den Erscheinungen stimmen, wie weit sie im Spezialfall der Ergänzung bedürfen.

Das Resultat dieser Erörterung lässt sich wie folgt präzisieren: „Die Bewegung materieller Punkte nach gegebenen Bedingungsgleichungen lässt sich nicht a priori durch rein mathematische Betrachtungen ermitteln, auch lässt sich kein allgemein giltiges physikalisches Gesetz für solche Bewegungen aussprechen. Die Bewegung nach vorgeschriebenen Bedingungsgleichungen ist kein einfacher Vorgang, sie ist stets die Folge von zahllosen verwickelten Kräften, welche nur näherungsweise in Rechnung gezogen werden.“ (Rausenberger.)

Es muss infolgedessen auch die Untersuchung getrennt nach Einzelfällen stattfinden. Wenn nun trotzdem sich eine Anzahl einfacher Prinzipien ergeben, so beruht dies darauf, dass an Stelle der direkten Erfahrung gewisse vereinfachende, mathematisch einfach darstellbare Annahmen gesetzt werden. Von den eingeführten Bedingungsgleichungen muss verlangt werden, einmal, dass sie keine Ungleichungen sind, und sodann, dass sie ausser der Zeit t nur die Koordinaten des bewegten Punktes, nicht aber Differentialquotienten derselben (also keine Geschwindigkeiten) enthalten, auch soll das explizite Vorkommen der Zeit vermieden werden.

Als erstes der auf diesem Wege gewonnenen Prinzipien sei das der virtuellen Geschwindigkeiten (d'Alembert) erwähnt. Man nennt eine unendlich kleine Verschiebung des materiellen Punktes x, y, z, welche mit den Bedingungsgleichungen vereinbar ist, eine „virtuelle“, d. h. mögliche Verrückung. Die Komponenten der virtuellen Verrückung werden mit dem Symbol der Variation gekennzeichnet. Sie seien $\delta x$, $\delta y$, $\delta z$ im Gegensatz zu den wirklichen aktuellen Verrückungen $dx$, $dy$, $dz$, welche der Punkt in der Zeit $dt$ thatsächlich erleidet. Die aktuelle ist demnach ein Spezialfall der virtuellen Verrückung. Wenn nun in einem System von n materiellen Punkten $x_\alpha$, $y_\alpha$, $z_\alpha$ mit den Massen $m_\alpha$ die Komponenten der auf sie einwirkenden Gesamtkräfte durch

$X_\alpha$, $Y_\alpha$, $Z_\alpha$ bezeichnet werden, so wird das d'Alembert'sche Prinzip ausgedrückt durch die Gleichung

$$1)\quad \sum_1^n \alpha \left[\left(m_\alpha \frac{d^2 x_\alpha}{d t^2} - X_\alpha\right) \delta x_\alpha + \left(m_\alpha \frac{d^2 y_\alpha}{d t^2} - Y_\alpha\right) \delta y_\alpha + \left(m_\alpha \frac{d^2 z_\alpha}{d t^2} - Z_\alpha\right) \delta z_\alpha\right] = 0$$

oder

$$\sum_1^n \alpha\, m_\alpha \left(\frac{d^2 x_\alpha}{d t^2} \cdot \delta x_\alpha + \frac{d^2 y_\alpha}{d t^2} \delta y_\alpha + \frac{d^2 z_\alpha}{d t^2} \delta z_\alpha\right) = \sum_1^n \alpha \left(X_\alpha \delta x_\alpha + Y_\alpha \delta y_\alpha + Z_\alpha \delta z_\alpha\right)$$

Soll Gleichgewicht stattfinden, d. h. sollen sämtliche Beschleunigungen schwinden, so muss

$$2)\quad \sum_1^n \alpha \left(X_\alpha \delta x_\alpha + Y_\alpha \delta y_\alpha + Z_\alpha \cdot \delta z_\alpha\right) = 0 \text{ sein.}$$

Man nennt diesen Spezialfall das „Prinzip der virtuellen Geschwindigkeiten". Man bezeichnet nun $X_\alpha\ \delta x_\alpha$ etc. als die „virtuellen Momente" und versteht darunter also das Produkt einer Kraft in die im Sinne ihrer Wirkung zurückgelegte unendlich kleine gradlinige Wegstrecke. Das Prinzip der virtuellen Geschwindigkeiten lautet dann: „Ein zusammenhängendes System von Körpern oder Punkten (Kraftpunkten) ist im Gleichgewicht, sobald die Summe seiner virtuellen Momente gleich Null ist. Ist das System nun ein freies, so sind die virtuellen Verrückungen $\delta x_\alpha$, $\delta y_\alpha$, $\delta z_\alpha$ natürlich völlig willkürlich und können also auch gleich Null gesetzt werden bis auf eine einzige, wobei der Koeffizient derselben verschwinden muss. Wird dies für sämtliche Koeffizienten durchgeführt, so erhält man aus 1) die Einzelgleichungen:

$$m_\alpha \frac{d^2 x_\alpha}{d t^2} - X_\alpha = 0; \quad m_\alpha \frac{d^2 y_\alpha}{d t^2} - Y_\alpha = 0; \quad m_\alpha \frac{d^2 z_\alpha}{d t^2} - Z_\alpha = 0.$$

Es sind dies aber die bekannten Gleichungen der freien Bewegung (s. Seite 6). Das d'Alembert'sche Prinzip (1) stellt sich dann als eine rein äusserliche Zusammenfassung der 3n Bewegungsgleichungen in eine einzige dar. Ganz anders wird dies aber, sobald Bedingungsgleichungen vorhanden sind. Dieselben seien $f_\beta$ ($x_1$ y, $z_2$, $x_2$ $y_2$ $z_2$ . . . . .) = 0 oder abgekürzt $f_\beta = 0$. Es sind dann nämlich die virtuellen Verrückungen nicht mehr ganz willkürlich, indem sie nicht mehr von einander unabhängig, sondern durch aus den Bedingungsgleichungen hervorgehende Relationen miteinander verknüpft sind. Wie leicht einzusehen, lässt sich das d'Alembert'sche Prinzip (1) aus dem Prinzip der virtuellen Geschwindigkeiten leicht dadurch erhalten, dass die Wirkung der Bedingungsgleichungen durch Zusatzkräfte ersetzt wird, ein Verfahren, welches schon durch die physikalische Natur der Bedingungen seine Berechtigung erhält. In der Gleichung 1) sind diese Zusatzkräfte durch $m_\alpha \frac{d^2 x_\alpha}{d t^2}$, $m_\alpha \frac{d^2 y_\alpha}{d t^2}$, $m_\alpha \frac{d^2 z_\alpha}{d t^2}$ repräsentiert.

Die noch vorhandene Freiheit der Bewegung hängt bei der unfreien Bewegung von der Anzahl der Bedingungsgleichungen ab. Der Einfachheit halber betrachtet man hierbei nicht die Bewegung jedes einzelnen von n Punkten nach seinen drei Koordinatenachsen, sondern nur die nach einer Komponente der Bewegung etwa der Projektion auf die x Achse, und geht daher von $x_1$ $x_2$ . . . . . $x_n$ Punkten aus, die sich auf ebensoviel Graden unter dem Einflusse der Kräfte $X_1$ $X_2$ . . . . . $X_n$ in der Richtung der letzteren bewegen. Sind nun n Bedingungsgleichungen gegeben, so findet überhaupt keine Bewegung statt. Die Maximalzahl derselben ist also n—1. Ist dann die Bewegung von $x_1$ bekannt, so ist damit auch die aller übrigen Punkte bekannt, da sie als Funktion von $x_1$ erscheinen.

Die Bewegung unter Bedingungsgleichungen wird bestimmt durch die Gleichungen von Lagrange. Sie illustrieren am besten, wie man die Bedingungsgleichungen durch Zusatzkräfte sich erfüllt denken kann.

Beschreibt ein Körper eine krummlinige Bahn, so muss eine Kraft auf ihn einwirken, welche seine nach dem Trägheitsgesetz gradlinigen, also in die Tangente fallenden Bewegungen fortwährend ablenkt, deren Richtung also in die Hauptnormale fällt. Für ein unendlich kleines Stück seiner Bahn kann man diese durch einen Kreis, den sog. Krümmungskreis der Kurve, ersetzt denken, dessen jeweiliger Mittelpunkt dann in die Hauptnormale zu liegen kommt. Die Kraft, welche den Körper aus seiner graden Bewegung ablenkt, kann dann als Centripetalkraft betrachtet werden. Wenn nun $\rho$ der Radius des Krümmungskreises ist, so wird sie durch $\frac{m \cdot v^2}{\rho}$ für jeden Moment ausgedrückt werden. Die Komponenten derselben für ein rechtswinkliges Koordinatensystem seien $\frac{m \cdot v^2}{\rho} \cdot \cos \alpha$; $\frac{m \cdot v^2}{\rho} \cdot \cos \beta$; $\frac{m \cdot v^2}{\rho} \cdot \cos \gamma$. Die Komponenten der den Körper ursprünglich treibenden Kraft seien ebenso X, Y, Z. Die Wirkung der beiden Kräfte nach den einzelnen Achsen erhält man durch Addition der entsprechenden Komponenten, also in Bezug auf die x Achse $\frac{m \cdot v^2}{\rho} \cdot \cos \alpha + X = m \cdot \frac{d^2 x}{d t^2}$ ebenso: $\frac{m \cdot v^2}{\rho} \cdot \cos \beta + Y = m \cdot \frac{d^2 y}{d t^2}$ und $\frac{m \cdot v^2}{\rho} \cdot \cos \gamma + Z = m \cdot \frac{d^2 z}{d t^2}$.

Bewegt der Körper sich auf einer Fläche, so kann die Zentralkraft $\frac{m \cdot v^2}{\rho}$ durch eine Zusatzkraft, nämlich durch einen Druck P, ersetzt werden, welcher in der Richtung der Normalen zum Flächenelement wirkt. Obige Gleichungen werden dann:

$$m \cdot \frac{d^2 x}{d t^2} = X + P \cdot \cos \alpha; \quad m \cdot \frac{d^2 y}{d t^2} = Y + P \cdot \cos \beta;$$

$$m \cdot \frac{d^2 z}{d t^2} = Z + P \cos \gamma.$$

Ist die Gleichung der Fläche gegeben durch f (x, y, z) = 0 oder abgekürzt f = 0, so sind die Cosinus der Winkel, welche die Normalen mit den Koordinatenachsen x, y, z bildet, gegeben durch

$$\cos n, x = \frac{\partial f}{\partial x} : \sqrt{\left(\frac{\partial f}{\partial x}\right)^2 + \left(\frac{\partial f}{\partial y}\right)^2 + \left(\frac{\partial f}{\partial z}\right)^2};$$

$$\cos n, y = \frac{\partial f}{\partial x} : \sqrt{\left(\frac{\partial f}{\partial x}\right)^2 + \left(\frac{\partial f}{\partial y}\right)^2 + \left(\frac{\partial f}{\partial z}\right)^2};$$

$$\cos n, z = \frac{\partial f}{\partial z} : \sqrt{\left(\frac{\partial f}{\partial x}\right)^2 + \left(\frac{\partial f}{\partial y}\right)^2 + \left(\frac{\partial f}{\partial z}\right)^2};$$

Hierin bezeichnet $\frac{\partial f}{\partial x}$ etc. die partiellen Differential-Quotienten. Es verhalten sich demnach die Komponenten der Kraft nach den Achsen wie $\frac{\partial f}{\partial x} : \frac{\partial f}{\partial y} : \frac{\partial f}{\partial z}$, zur Vereinfachung setzt man

$$P : \sqrt{\left(\frac{\partial f}{\partial x}\right)^2 + \left(\frac{\partial f}{\partial y}\right)^2 + \left(\frac{\partial f}{\partial z}\right)^2} = \lambda.$$

Obige Gleichungen gehen dann über in:

$$m \cdot \frac{d^2 x}{d t^2} = X + \lambda \cdot \frac{\partial f}{\partial x}; \; m \cdot \frac{d^2 x}{d t^2} = Y + \lambda \frac{\partial f}{\partial y}; \; m \cdot \frac{d^2 z}{d t^2} = Z + \lambda \frac{\partial f}{\partial z}$$

Man bezeichnet sie als die Gleichungen von Lagrange in der ersten Form. Bewegt sich der Punkt nicht beliebig auf einer Fläche, sondern auf einer bestimmten Linie, so kann man diese stets als Schnittpunkt zweier Flächen betrachten, deren eine durch obige Gleichungen bestimmt ist, während die andere durch $f_1(x, y, z) = 0$ oder $f_1 = 0$ gegeben ist. Man erhält dann entsprechend die Druckkraft $P_1$ und den Ausdruck $\lambda_1$. Die analogen Grössen sind $\lambda_1 \cdot \frac{\partial f_1}{\partial y}$; $\lambda_1 \cdot \frac{\partial f_1}{\partial y}$; $\lambda_1 \cdot \frac{\partial f_1}{\partial z_1}$. Die Gleichungen werden dadurch

$$m \cdot \frac{d^2 x}{d t^2} = X + \lambda \frac{\partial f}{\partial x} + \lambda_1 \frac{\partial f_1}{\partial x}; \; m \cdot \frac{d^2 y}{d t^2} = Y + \lambda \cdot \frac{\partial f}{\partial y} + \lambda_1 \frac{\partial f_1}{\partial y};$$

$$m \cdot \frac{d^2 z}{d t^2} = Z + \lambda \frac{\partial f}{\partial x} + \lambda_1 \frac{\partial f_1}{\partial z}.$$

Aus diesen Gleichungen lässt sich folgende sog. zweite Form ableiten, welche zuweilen Vorteile bietet $\frac{d \frac{d T}{d x^1}}{d t} - \frac{d T}{d x} = X.$ Sie besagt: Wenn die einem System zur Zeit erteilte lebendige Kraft durch T gegeben ist und die zur x Achse parallele Geschwindigkeit $x^1$ ist, so ist die in dieser Richtung fallende Kraftkomponente durch obige Gleichung gegeben.

Die Gleichung $f(x, y, z) = 0$ sowie $f_1(x, y, z) = 0$ repräsentieren nur zwei Bedingungsgleichungen. Die Zahl derselben kann natürlich vermehrt werden bei komplizierten Systemen. Ist die Zahl der Bedingungsgleichung z. B. k, so hat man dementsprechend für n materielle Punkte $x_\alpha$, $y_\alpha$, $z_\alpha$ mit den Massen $m_\alpha$

$$m_\alpha \frac{d^2 x_\alpha}{d t^2} = X_\alpha + \lambda_1 \cdot \frac{\partial f_1}{\partial x_\alpha} + \lambda_2 \cdot \frac{\partial f_2}{\partial x_\alpha} + \cdots\cdots + \lambda_k \frac{\partial f_k}{\partial x_\alpha}$$

$$m_\alpha \frac{d^2 y}{d t^2} = Y_\alpha + \lambda_1 \cdot \frac{\partial f_1}{\partial y_\alpha} + \lambda_2 \cdot \frac{\partial f_2}{\partial y_\alpha} + \cdots\cdots + \lambda_k \frac{\partial f_k}{\partial y_\alpha}$$

$$m_\alpha \frac{d^2 z}{d t^2} = Z_\alpha + \lambda_1 \cdot \frac{\partial f_1}{\partial z_\alpha} + \lambda_2 \cdot \frac{\partial f_2}{\partial z_\alpha} + \cdots\cdots + \lambda_k \frac{\partial f_k}{\partial z_\alpha}$$

Da sich aus diesen Gleichungen das d'Alembert'sche Prinzip ohne Schwierigkeit ableiten lässt, so sind sie als diesem völlig äquivalent anzusehen.

Setzt man in den Gleichungen von Lagrange

$$m_\alpha \frac{d^2 x_\alpha}{d t^2} = X_\alpha + L_\alpha; \quad m_\alpha \frac{d^2 y_\alpha}{d t^2} = Y_\alpha + M_\alpha;$$

$$m_\alpha \frac{d^2 z_\alpha}{d t^2} = Z_\alpha + N_\alpha$$

und setzt diese Grössen in die Gleichung des d'Alembert'schen Prinzips ein, so erhält man: $\Sigma \left[ L_\alpha \delta x_\alpha + M_\alpha \delta y_\alpha + N_\alpha \delta z_\alpha \right] = 0.$

Die durch die Bedingungen indizierten Kräfte halten sich also untereinander das Gleichgewicht. Man bezeichnet $-L_\alpha$, $-M_\alpha$, $-N_\alpha$ als die Komponenten der verlorenen Kräfte. Es befinden sich also bei der unfreien Bewegung die verlorenen Kräfte im Gleichgewicht.

Ein Prinzip von speziellem Interesse ist das Prinzip der kleinsten Wirkung (Maupertuis). Der Ausdruck ist eigentlich ungenau, er heisst: „principe de la moindre action", also richtiger Prinzip der kleinsten Bewegungsgrösse. Durch dasselbe wird ausgedrückt, dass die von einer Kraft angestrebte Bewegung immer in der Richtung erfolgt, in welcher sich der kleinste Widerstand vorfindet, also die Kraft sich am schnellsten in Geschwindigkeit umsetzen kann. Eine Bewegungsübertragung erfolgt also so, dass sie sich auf dem kürzesten Wege bethätigt, um mit dem geringsten Kraftaufwand ihren Zweck zu erreichen.

Maupertuis ging hierbei von der teleologischen Betrachtung aus, dass die Natur ihren Zweck stets durch die einfachsten Mittel zu erreichen suche. Da das oft damit identifizierte Hamilton-sche Prinzip etwas ausgiebiger ist, so mag es hier näher erörtert werden.

Bezeichnet $T = \frac{1}{2} \Sigma m_\alpha v_\alpha^2$ die lebendige Kraft eines Systems ferner U eine Kräftefunktion, die aber von der Zeit nicht unabhängig zu sein braucht, also die Voraussetzung zulässt, dass das Prinzip von der Erhaltung der lebendigen Kraft nicht Geltung erlangt, so lautet das Hamilton'sche Pinzip: „Sind die Koordinaten der einzelnen Elemente des Systems für die Zeit $t_0$ und $t_1$ fest gegeben, so sind die Bewegungsgleichungen in dem Ausdruck: $\delta \int_{t_0}^{t_1} (T + U)\, d t = 0$ enthalten. Es sind hierbei die Koordinaten der Elemente, wie wohl zu beachten, nicht die Zeit, in Bezug auf welche die Variation gilt. Es wird demnach verglichen, das

Integral genommen über den wirklich durchlaufenen Weg zwischen den festen Endpositionen mit den Werten, die es für unendlich benachbarte Wege annimmt.

Die Konstanten, es sind deren sechs, welche ausser den drei Differentialgleichungen noch für die Bewegung eines Punktes nötig sind, werden hier durch die Angabe des Ortes des Punktes für zwei Zeitpunkte ersetzt. T und U bleiben hierbei also auch bei einer Änderung der Koordinaten ungeändert, und es lassen sich daher die Koordinaten leicht durch andere z. B. durch Polarkoordinaten ersetzen, was die Anwendung erleichtert.

Von Wichtigkeit ist ferner noch das Prinzip des kleinsten Zwanges von Gauss. Der Grundgedanke ist, dass die Wege, welche die materiellen Punkte eines Systems, welches Bedingungsgleichungen unterworfen ist, wirklich einschlagen, denjenigen, welche sie ohne Vorhandensein von Bedingungsgleichungen wählen, würden so nahe kommen, als dies bei den gegebenen Bedingungen möglich ist.

Wenn die Punkte eines materiellen Systems zu Anfang des Zeitteilchens d t die Orte $A_1$, $A_2$ ..... einnehmen, am Ende desselben die Orte $B_1$, $B_2$ ....., wenn nur die mit den Bedingungsgleichungen im Einklang befindlichen Anfangsgeschwindigkeiten sowie die einwirkenden Kräfte zur Geltung gelangen, die Bedingungsgleichungen aber nicht vorhanden wären, und wenn die unter Einwirkung der letzteren erreichten $C_1$, $C_2$ ..... sind, so geben die unendlich kleinen Strecken $B_\alpha C_\alpha$ die Richtung an, und wenn sie mit $m_\alpha$ multipliziert werden auch die Grösse der Zugkräfte, welche den $X_\alpha$, $Y_\alpha$, $Z_\alpha$ zugefügt werden, müssen, um den Wirkungen der Bedingungsgleichungen zu genügen. Auf diese Zusatzkräfte der Bedingungsgleichungen lässt sich das Prinzip der virtuellen Verrückungen anwenden. Ist demnach $C^1_\alpha D_\alpha$ eine solche mit den Bedingungen verträgliche Verrückung und bezeichnet $\vartheta_\alpha$ den Winkel $B_\alpha C_\alpha D_\alpha$, so muss nach den hierfür geltenden Formeln $\Sigma\, m_\alpha \cdot B_\alpha C_\alpha \cdot C_\alpha D_\alpha \cdot \cos\, \vartheta_\alpha = 0$ sein.

Es ist nun

$$2\, B_\alpha C_\alpha \cdot C_\alpha D_\alpha \cdot \cos\, \vartheta_\alpha = -\, (B_\alpha C_\alpha)^2 + (B_\alpha C_\alpha)^2 + (C_\alpha D_\alpha)^2$$

nach einem bekannten Satz der Trigonometrie, also durch Einsetzen

$$\Sigma\, m_\alpha \left[ (B_\alpha D_\alpha)^2 - (B_\alpha C_\alpha)^2 - (C_\alpha D_\alpha)^2 \right] = 0, \quad \text{woraus folgt:}$$

$$\Sigma\, m_\alpha\, (B_\alpha D_\alpha)^2 > \Sigma\, m_\alpha\, (B_\alpha C_\alpha)^2.$$

Nun ist $B_\alpha C_\alpha$ die wirkliche Ablenkung, welche $m_\alpha$ durch die Wirkung der Bedingungsgleichungen erfährt von dem Orte, an welchem es ohne deren Einwirkung gelangt wäre, dagegen $B_\alpha D_\alpha$ eine beliebige andere den Bedingungsgleichungen nach mögliche Ablenkung von demselben Orte. Demnach ist für die wirklichen Ablenkungen $\Sigma m_\alpha (B_\alpha C_\alpha)^2$ ein Minimum gegenüber derselben Funktion der übrigen möglichen Ablenkungen. Es lässt sich also das Prinzip des kleinsten Zwanges formulieren: „Bewegt sich ein System von materiellen Punkten unter dem Einflusse von Bedingungsgleichungen während einer unendlich kurzen Zeit, so ist die Summe der mit der jeweiligen Masse multiplizierten Quadrate der Ablenkungen von denjenigen Orten, welche die Punkte bei freier Bewegung erreicht hätten, für die wirkliche Bewegung ein Minimum gegenüber allen anderen Bewegungen, welche sich ebenfalls mit den Bedingungsgleichungen vertragen."

Die Bedeutung der Kräftefunktion U oder des Potentials ist zwar schon früher erläutert worden, indessen soll dieses Thema hier mit Rücksicht auf den vorliegenden Zweck noch etwas weiter ausgeführt werden. Das Potential hat, wie schon erwähnt, nicht die Bedeutung einer Kraft, sondern diejenige einer Arbeit. Es ist daher notwendig, zu erörtern, wie man daraus die Kraft erhält. Zunächst legt man durch alle Punkte, wo U einen bestimmten Wert a hat, eine Fläche, sog. Niveau- oder Äquipotentialfläche. Sie wird bestimmt durch die Gleichung $U = a$. Da U in der Fläche konstant ist, so muss der partielle Differentialquotient von U nach einer in der Fläche gelegenen Richtung gleich Null sein, also auch die in die Fläche fallende Kraftkomponente. Es folgt der Satz: „Die Kraftrichtung steht in jedem Punkt senkrecht auf der durch ihn gehenden Niveaufläche."

Geht man zu einer unendlich benachbarten Fläche der Formel $U = a + da$ über und ist $dn$ der Normalabstand der beiden Flächen, so ist $\frac{da}{dn}$ die Kraft, welche an jener Stelle wirksam ist. Es bezeichnet aber $\frac{da}{dn}$ das Potentialgefälle. Die Kraft an einer Stelle des Raumes ist also umgekehrt proportional dem Abstande der benachbarten Niveauflächen, und ihre Richtung ist zu letzteren normal. Es muss nochmals besonders betont werden, dass die Niveauflächen an sich nicht Flächen gleicher Kraftwirkung sind, dies gilt nur, wenn zwei aufeinander folgende Flächen auch überall äquidistant sind.

Es soll nun das Potential für den speziellen Fall abgeleitet werden, dass die Kraft im umgekehrten Verhältnis zum Quadrate der Entfernung steht. Dieselbe ist also $\frac{m}{r^2}$. Für die unendlich kleine Strecke dr kann sie als konstant gelten. Die Arbeit dL, welche bei der Bewegung des materiellen Punktes p von der Masse 1 um dr geleistet wird, ist $dL = \frac{m}{r^2} \cdot dr$, die Arbeit, wenn die Bewegung von $\infty$ bis zum Abstand r erfolgt:

$$L = \int_r^\infty \frac{m}{r^2} \cdot dr = \pm \left[\frac{m}{r}\right]_r^\infty = \pm \left(\frac{m}{\infty} - \frac{m}{r}\right) = \pm \frac{m}{r}$$

Man nennt $\pm \frac{m}{r}$, bezogen auf einen Punkt, die Potentialfunktion. Wie schon erwähnt, geben die partiellen Differentiale nach den Koordinaten des Punktes p die Komponenten der wirksamen Kraft; diese seien X, Y, Z, so ist

$$X = \frac{\partial \pm \frac{m}{r}}{\partial x}; \quad Y = \frac{\partial \pm \frac{m}{r}}{\partial y}; \quad Z = \frac{\partial \pm \frac{m}{r}}{\partial z}$$

Besonderen Vorteil gewährt die Potentialfunktion, wenn es gilt, die Wirkung mehrerer Mengen wirksamen Agens: m, m′, m″ ...... zu berechnen. Es ist nämlich $\sum \frac{\partial \frac{m}{r}}{\partial x} = \frac{\partial \sum \frac{m}{r}}{\partial x}$

Ebenso erhält man beim Übergang zu einem mit dem Agens stetig gefüllten Raum:

$\frac{\partial \int \frac{\partial m}{r}}{\partial x} = \int \frac{\partial \frac{m}{r}}{\partial x}$. Ist das wirksame Agens beiderseits auf einen bestimmten Raum verteilt, so erhält für die Wirkung des einen auf das andere das Potential $W = \int U \cdot dm'$, respektive $W = \int U' \cdot dm$, worin U die Potentialfunktion des einen und dm dessen Massenelement, ebenso U′ und dm′ dieselben Grössen des anderen bezeichnen. Allgemein wird das Potential $W = \int\int \frac{dm \cdot dm'}{r}$

Ist die Änderung des Potentials: $dW = d\iint \frac{dm \cdot dm_1}{r}$ und die geleistete Arbeit dL, so folgt: $-dL = dW$. Ist der Wert des Potentials zu Anfang einer Änderung in der Lage der wirksamen Massen $W_1$ am Ende derselben $W_2$, so ist die geleistete Arbeit $L = W_1 - W_2$. Ausser der Veränderung der gegenseitigen Lage können die wirksamen Massen auch noch eine Änderung in der Verteilung des wirksamen Agens auf ihnen selbst erleiden. Dieses Potential einer Masse auf sich selbst, das durch etwas abweichende Berechnung, nämlich unter Benutzung der Polarkoordinaten, erhalten wird, sei für die eine Masse W', für die andere W''.

Dann ist die geleistete Arbeit:

$$L = (W_1 + W_1' + W_1'') - (W_2 + W_2' + W_2'')$$

Die Indizes 1 und 2 bezeichnen wie oben das Potential vor und nach der Veränderung.

Für ein bestimmtes System wirksamer Massen gilt der Satz: Das Potential eines Systems auf sich selbst ist die Energie des Systems. Es sei dieses Potential eines Systems auf sich selbst bei einem gegebenen Zustande $\Sigma W_1$ wobei hierdurch die Summe der Potentiale der einzelnen wirksamen Massen auf sich selbst und auf einander bezeichnet. Es sollen ferner die Massen, welche als Träger des wirksamen Agens fungieren, eine bestimmte Geschwindigkeit haben, deren lebendige Kraft in Summa $\frac{1}{2}\Sigma m \cdot v_1^2$ zu Anfang der Zustandsänderung beträgt. Durch alleinige Wirkung der inneren Kräfte geht das Potential über in $\Sigma W_2$, die geleistete Arbeit ist dann $\Sigma W_1 - \Sigma W_2$. Diese muss ganz als lebendige Kraft vorhanden sein, also ist:

$$\Sigma W_1 - \Sigma W_2 = \frac{1}{2}\Sigma m \cdot v_1^2 - \frac{1}{2}\Sigma m v_2^2 \text{ oder}$$

$$\Sigma W_1 + \frac{1}{2}\Sigma m \cdot v_1^2 = \Sigma W_2 + \frac{1}{2}\Sigma m \cdot v_2^2.$$

Es bezeichnet nun $\Sigma W$ die potentielle Energie, $\frac{1}{2}\Sigma m \cdot v^2$ die kinetische Energie des Systems. Daher gilt der Satz: In einem System bleibt die Summe von potentieller und kinetischer Energie gleich vorausgesetzt dass dieselbe adiabatisch ist, d. h. weder Energie abgegeben noch zugeführt wird. Unter denselben

Bedingungen kann kinetische Energie nur auf Kosten von potentieller und potentielle nur auf Kosten kinetischer entstehen. Leisten die Massen der Anziehung Folge, so leistet das System Arbeit, vermag also kinetische Energie abzugeben; es muss kinetische Energie in das System übergeführt werden, um die Massen gegen die Anziehung zu bewegen.

Da ein kompliziertes Molekül, wie noch gezeigt wird, als ein polycyklisches adiabatisches System sich erweist, so gilt hier auch folgender entsprechender Satz aus der Theorie der Cyklen:

„Die von einem beliebigen polycyklischen Systeme irgendwie geleistete Arbeit wird dem Energie-Inhalte des Systems entnommen; dieser vermindert sich um den jener Arbeit numerisch gleichen Betrag; die einem solchen System von aussen her irgendwie zugeführte Arbeit wird zur Steigerung seines Energie-Inhaltes verwendet; sein Wert steigt um den jener Arbeit gleichen Betrag" oder: „Wenn ein adiabatisch-cyklisches System durch die Kräfte nach seinen Parametern Arbeit leistet, so nimmt gleichzeitig die Energie des Systems ab, und zwar um den Betrag der geleisteten Arbeit; wenn ein adiabatisches System durch die Kräfte nach seinen Parameteren Arbeit aufnimmt, so wächst gleichzeitig die Energie des Systems, und zwar um den Betrag der aufgenommenen Arbeit. (Hertz, Mechanik. p. 247. No. 581.)

Wie aus dem Gesagten hervorgeht, ist die potentielle Energie eine Funktion der räumlichen Anordnung (Konfiguration) des Systems. Wird dieselbe geändert, so ist das Resultat, nämlich die gewonnene Arbeit, ganz unabhängig von dem Wege, auf welchem dies geschieht, vielmehr kommt nur der Anfangs- und Endzustand in Betracht. Durch einen Kreisprozess lässt sich also keine Arbeit gewinnen. Wirkt auf einen Punkt p des Systems eine Kraft k, welche ihn in der Richtung r um die Strecke dr verschiebt, und wird dabei die potentielle Energie W um — dW geändert, so ist $k = -\frac{dW}{dr}$.

Die Richtung der Bewegungstendenz eines Systems ist nur diejenige, in welcher die Abnahme seiner potentiellen Energie am schnellsten erfolgt: „Das System hat die Tendenz, sich auf einer Kurve des steilsten Gefälles seiner potentiellen Energie zu bewegen" (Drude). Ein System befindet sich daher im stabilen Gleichgewicht bei derjenigen Konfiguration, bei welcher seine potentielle Energie einen Minimalwert erreicht.

Es dürfte sich vielleicht noch empfehlen, auch auf die Theorie der Cyklen*) etwas näher einzugehen; da sie jedoch im Folgenden nur eine beschränkte Anwendung findet und ohne eine sehr umfangreiche mathematische Ableitung nicht leicht verständlich gemacht werden kann, so sollen, wo es nötig erscheint, die Gesetze im Wortlaut angeführt werden. Im übrigen muss auf die ausführliche Darstellung bei Helmholtz, Hertz, Ebert, Boltzmann u. A. verwiesen werden. Die Vektoranalysis wird bei Besprechung der elektrischen Kraft kurz erörtert werden.

Zum Schluss sollen den Faktoren der Kraft noch einige Worte gewidmet werden. Bei jeder Kraft ist zu unterscheiden, einmal die Kraftgrösse oder Kapazität und sodann die Kraftstärke oder Intensität. Die deutschen Bezeichnungen werden nicht immer im richtigen Sinne gebraucht, so ist besonders der Ausdruck Stromstärke für die Kapazitätsgrösse der elektrischen Kraft entschieden missbräuchlich.

Kapazität ist allgemein die Masse, respektive Zahl der bewegten Teilchen, Intensität die Geschwindigkeit ihrer Bewegung, vorausgesetzt, dass diese frei ist. Diese Trennung beruht auf dem Dualismus der Kraftwirkung, welche positiv als Beschleunigung (Selbstinduktion) oder negativ als Verzögerung (Kapazität) oder Trägheit auftritt. Wollte man hier Hamilton's Prinzip von der variablen Aktion anwenden, so könnte man in der Intensität die variable, in der Kapazität die stationäre Aktion erblicken. Kapazität ist also das Vermögen zur Kraftaufsammlung in der Hydrodynamik, der Wassermenge entsprechend, während die Intensität der Druckhöhe oder dem Gefälle entspricht. Da hauptsächlich die letztere variabel ist, so folgt, dass eine Kraftübertragung nur bei Differenzen der Intensität erfolgt, also z. B. eine Wärmeabgabe nur bei Temperaturdifferenzen, nicht bei Unterschieden der Wärmekapazität erfolgt, es müssten denn Prozesse stattfinden, wobei Wärme gebunden (latent) wird oder der Kapazitätsfaktor auf Kosten der Intensität sich ändert, ein Prozess, welchen man als Transformation bezeichnet. Die Kapazität ist nicht völlig unveränderlich, denn sie hängt nicht nur von der Masse, respektive Zahl der bewegten Teilchen ab, sondern auch von ihrer

*) Hertz zeigt in seinen Prinzipien der Mechanik, dass alle Bewegungsgleichungen der in unserem Naturerkennen wichtigsten Klasse materieller Systeme, der sog. konservativen, die fast den alleinigen Inhalt der ganzen bisherigen Mechanik ausgemacht haben, ohne weiteres erhalten werden, wenn wir dieselben als adiabatische Cykelsysteme auffassen. Die komplizierten Moleküle gehören zweifellos ebenfalls hierzu.

Bewegungsfreiheit, und letztere kann wesentlichen Veränderungen unterliegen. Da die Materie an sich unveränderlich, so kommen die Änderungen der Kapazität ausschliesslich auf das Konto des letzteren Momentes. Sämtliche Systeme, welche der Einwirkung physikalische Kräfte unterliegen, sind unfrei bezüglich ihrer Bewegung, und wird es einmal von den durch die molekularen Kräfte gegebenen Bedingungsgleichungen und sodann von der Art der einwirkenden äusseren Kraft abhängen, wie weit letztere sich bethätigen kann.

Wie ein Strom die leichten beweglichen Körper mit sich führt, während die schweren am Grunde liegen bleiben und, abgesehen von der Reibung, der Wirkung seiner Kraft keine Folge leisten, so trifft der Kraftfluss im Kraftfelde auch nur die im Sinne seiner Wirkung beweglichen Elemente und teilt ihnen seine Energie mit. Die sog. Resonatoren sind ein vorzügliches Beispiel hierfür. Die in ihrer Bewegungsfreiheit aber durch Kräfte besonderer Art gehemmten Bestandteile lassen die Energie an sich vorüberfluten, ohne wesentlich von derselben affiziert zu werden. Es ist das Prinzip der kleinsten Wirkung, welches die Kraft nach der Richtung sich entwickeln lässt, wo sie sich am raschsten in Bewegung umsetzen kann.

Mit Rücksicht auf die komplizierten Moleküle, welche als adiabatisch-cyklische Systeme, wie noch speziell gezeigt wird, gelten müssen, lässt sich hier folgender Satz heranziehen: Bei adiabatischen Zustandsänderungen eines cyklischen Systemes erleiden die cyklischen Intensitäten stets Änderungen in solchem Sinne, dass die von diesen Änderungen hervorgerufenen Kräfte die erzeugende Zustandsänderung aufzuhalten streben.

Wenn hier auch ein Eingehen auf die Theorie der Cyklen zu weit führen würde, so mögen doch die zum Verständnis der im Wortlaut angeführten Gesetze nötigen Begriffe kurz erläutert werden: Unter Parametern versteht man allgemein die den Zustand eines Systems bestimmenden variablen Grössen. Bei den Cyklen unterscheidet man erstlich langsam veränderliche Parameter p, denen im Molekül die Entfernung der Schwingungsmittelpunkte von einander und die Lage der Schwingungsebenen entspricht. Ihre Änderung nach der Zeit ist: $q = \frac{dp}{dt}$. Sodann sind zu merken die cyklischen Koordinaten $\mathfrak{p}$, von welchen die cyklische Geschwindigkeit (Bogengeschwindigkeit) $\mathfrak{q} = \frac{d\mathfrak{p}}{dt}$ abhängt.

Man bezeichnet die ersteren Grössen und die davon abgeleiteten Werte mit lateinischen, die letzteren ebenso mit deutschen Buchstaben. Die cyklische Koordinate $\mathfrak{p}$ kommt in den Gleichungen nicht vor, hier ist nur $\mathfrak{q}$ bestimmend. Anstatt der Kraft tritt der allgemeinere Begriff des Kraftmomentes $\mathfrak{P}$ ein, womit jede eine Änderung der Parameter (des Zustandes) bewirkende Grösse bezeichnet wird. Das Kraftmoment wird aus der Arbeit $\mathfrak{A}$ abgeleitet. Letztere ist das Produkt von Kraft $\mathfrak{P}$ mal Weg $d\mathfrak{p}$, also: $d\mathfrak{A} = \mathfrak{P} \cdot d\mathfrak{p}$. Es ist ferner $\frac{d(mv)}{dt} = m \cdot \frac{dv}{dt} = m \cdot \frac{d^2s}{dt^2}$; also die Kraft $\left(m \cdot \frac{d^2s}{dt^2}\right)$ ist das Differential des Momentes nach der Zeit. Dies auf die cyklische Bewegung angewendet giebt: $\mathfrak{P} = \frac{d\mathfrak{s}}{dt}$; hierin ist $\mathfrak{s}$ das cyklische Moment.

Es tritt hier zum ersten Male der ausserordentliche Unterschied hervor, welcher zwischen den mehratomigen Molekülen und den einatomigen, z. B. der Metalle herrscht. Dies wird später zu den wichtigsten Konsequenzen führen. Nur auf erstere ist die Theorie der Cyklen anwendbar.

Was die Bewegung unter besonderen Bedingungen anbetrifft, so ist wohl der Begriff der Reibung das einfachste mechanische Analogon, an welchem man sich die Hemmung für die Kraftentfaltung klarmachen kann. Die Bewegung in einem Medium mit Reibung ist zwar eine unfreie. Indessen ist die Beschränkung eine durchaus gleichmässige. Es sind der Bewegung keine bestimmten Richtungen vorgeschrieben; daher giebt es auch nur eine modifizierte Bewegungsgleichung. Sie wird erhalten durch die Annahme einer der einwirkenden Kraft entgegengesetzt gerichteten. Um dem einzelnen Fall gerecht zu werden, wird ein bestimmter, für jedes Medium verschiedener Koeffizient eingeführt. Die Stärke der Reibung hängt im allgemeinen von der Geschwindigkeit des bewegten Körpers ab $= f(v)$. Der Koeffizient sei k, dann resultiert die Gleichung der Reibung $= k \cdot f(v)$. Für den Luftwiderstand erhält man so den Ausdruck $k \cdot v^2$. Hierin bedeutet k eine positive Konstante (Koeffizient), welche der Dichtigkeit der Luft direkt und der Masse des materiellen Punktes umgekehrt proportional ist. Für die Bewegung nach abwärts ergiebt sich also die Gleichung $\frac{d^2x}{dt^2} = -g + kv^2$.

Der vorliegende Fall ist als ein Beispiel für die Behandlung der unfreien Bewegung bei physikalischen Prozessen gewählt. Die Aggregationskräfte und die darauf beruhende einen Widerstand bedingende Zähigkeit des Mediums sind im Einzelnen noch völlig unaufgeklärt.

Die Erfahrung liefert für den einzelnen Fall bestimmte Werte dafür. Man supponiert nun Zusatzkräfte, führt Bedingungsgleichungen ein, durch welche erreicht werden muss, dass das aus der Rechnung erhaltene Resultat mit dem Effekte des Experiments übereinstimmt.

Dies wird um so mehr der Fall sein, je grösser die mechanische Analogie der supponierten Kräfte mit der wirklich einwirkenden ist, aber selbst völlige Übereinstimmung beweist noch nicht, dass die Annahme sich mit der Wirklichkeit deckt. Ganz besonders ist dies zu beachten, wenn andere völlig davon verschiedene Annahmen zu demselben Resultat führen. Die masslose Überschätzung gewisser Hypothesen würde sehr beschränkt werden, wenn man hierauf mehr Rücksicht nehmen wollte. Unsere Theorien und Hypothesen sind im Grunde nichts anderes als mechanische Analogieen, die durch besser gewählte zu ersetzen sind, sobald sie sich als den Thatsachen nicht mehr entsprechend erweisen.

## Anhang (Formeln).

Geschwindigkeit . . . . . . . $v = l \cdot t^{-1};\ \frac{dl}{dt}$

Beschleunigung . . . . . . . $a = l \cdot t^{-2};\ \frac{dv}{dt} = \frac{d^2 l}{dt^2}$

Kraft . . . . . . . . . . . $k = l \cdot t^{-2} \cdot m;\ m \cdot \frac{d^2 l}{dt^2}$

Arbeit und lebendige Kraft $\left(\frac{m \cdot v^2}{2}\right) = l^2 \cdot t^{-2} \cdot m$

Die Beschleunigung der Gravitation $g = 980,6$ Dyn (9,81278 für Berlin, 9,80896 für Paris).

Die Leistung oder der Effekt : $l^2 \cdot t^{-3} \cdot m$

Die Einheit ist das Sekunden erg

$$\frac{1\ \text{Kgrm}}{\text{mtr}} = 980,6 \cdot 10^6\ \text{erg}$$

$$1\ \text{Pferdekraft} = 75\,\frac{\text{kg}}{\text{m}}$$

$$1\ \text{HP (horse power)}\ 76\,\frac{\text{kg}}{\text{m}}$$

Das Moment $m \cdot v = l \cdot t^{-1} \cdot m$.

Ist $L = \frac{m \cdot v^2}{2}$ die kinetische Energie, so ist

$$dL = d\frac{m \cdot v^2}{2} = m \cdot v \cdot dv; \frac{dL}{dv} = mv,$$

d. h. das Moment ist der Differentialquotient der kinetischen Energie nach der Geschwindigkeit. Es ist ferner

$$\frac{d \cdot (m \cdot v)}{dt} = m \cdot \frac{dv}{dt} = m \cdot \frac{d^2 l}{dt^2},$$

d. h., die Kraft ist das Differential des Momentes nach der Zeit.

In einem rechtwinkligen Koordinatensystem ist:

$$ds^2 = d^2x + dy^2 + dz^2; \frac{m\,ds^2}{2\,dt^2} = \frac{m}{2} \cdot \frac{dx^2}{dt^2} + \frac{m}{2} \cdot \frac{dy^2}{dt^2} + \frac{m}{2}\frac{dy^2}{dt^2}$$

$$= \frac{m}{2}\left[\left(\frac{dx}{dt}\right)^2 + \left(\frac{dy}{dt}\right)^2 + \left(\frac{dz}{dt}\right)^2\right].$$

In Worten: Die lebendige Kraft ist gleich der Summe ihrer Komponenten nach den Koordinaten.

Sind $m \cdot \frac{dx}{dt} = u_x$; $m\frac{dy}{dt} = u_y$; $m\frac{dx}{dt} = u_z$ die Momente nach den Koordinaten und ist $m \cdot v = u$ das Moment, so ist

$$L = \frac{m \cdot v^2}{2} = \frac{u^2}{2m} = \frac{1}{2m}\left(u_x^2 + u_y^2 + u_z^2\right)$$

die lebendige Kraft oder kinetische Energie.

## Rotationsbewegung.

Ist q die Bogengeschwindigkeit und r der Abstand vom Centrum, so ist die Geschwindigkeit $v = r \cdot q$; für den materiellen Punkt m ist die lebendige Kraft gleich $\frac{1}{2} m \cdot (r \cdot q)^2 = \frac{1}{2} m\,r^2 \cdot q^2$. Die Gesamtenergie des ganzen bewegten Systems ist $L = \frac{1}{2}\left(\Sigma\, m \cdot r^2\right) \cdot q^2$. Es wird nun $\Sigma\, m \cdot r^2 = T$ als das „Trägheitsmoment" des Rotationskörpers bezw. Pendels bezeichnet, also $L = \frac{1}{2} T \cdot q^2$

(Die Bogen- oder Winkelgeschwindigkeit ist $q = \frac{d \cdot \varphi}{dt}$ worin $\varphi$ den Winkel als Bogengrösse, d. h. Teil von $2 \cdot \pi$ ausgedrückt, darstellt).

II. Kapitel.

# Die Mechanik der Atome in den verschiedenen Aggregatzuständen.

Bei der Betrachtung der speziellen Mechanik der Atome ist es nur logisch richtig, mit dem einfachsten Falle zu beginnen. Diesen stellt aber ein Gas mit einatomigen Molekülen, ein sog. Edelgas oder Metalldampf, dar. Der Ausdruck Molekül deckt sich daher im Folgenden bis auf Weiteres mit dem Begriff Atom.

Die drei fundamentalen Eigenschaften der Atome sind ihre Masse, ihre Bewegung und ihre Attraktionskräfte. Was zunächst die Bewegung anlangt, so ist dieselbe die Ursache, dass das Atom nicht nur den seiner Masse entsprechenden Raum erfüllt, sondern auch um sich herum einen gewissen Spielraum sich freihält, innerhalb dessen es sich bewegt, und zwar geschieht dies durch fortwährende Stösse, welche es den benachbarten Atomen erteilt. Es besitzt infolgedessen „Volumenenergie", wie man diese Eigenschaft bezeichnet hat. Die Anzahl Stösse, welche das Atom in der Zeiteinheit in dieser Weise den benachbarten erteilt, wird dann am grössten sein, wenn die Bewegung zwischen zwei Endpunkten seiner Bahn auf der geraden Linie erfolgt. Ferner wird nur die fortschreitende Bewegung desselben als Stosswirkung zur Geltung gelangen. Alle Drehungsbewegungen oder krummlinigen Bahnen, wie elliptische, kreisförmige, schleifenförmige, kurz, jede Art von Wirbelbewegung wird zur Stosswirkung und damit der Volumenenergie nichts beigetragen. Diese Wirbelbewegungen werden in der Vektoranalysis mit dem Zeichen „curl" von Maxwell bezeichnet. Sie bilden einen Teil von dem, was Clausius als die innere Energie nennt. Ist z. B. v die Geschwindigkeit eines Punktes eines starren Körpers bei beliebiger Bewegung und u die Rotationsgeschwindigkeit, so besteht die Beziehung

$$u = \frac{1}{2} \operatorname{curl} v.$$

Das Atom giebt bei den Zusammenstössen mit den benachbarten an diese Energie ab und erhält umgekehrt von ihnen solche mitgeteilt. Seine Geschwindigkeit ist infolgedessen, da die Richtung der Stösse nicht immer dieselbe ist, eine entsprechend wechselnde. Man muss demnach den Betrachtungen eine mittlere Geschwindigkeit zu Grunde legen, deren Mittelwert nach den Regeln der Wahrscheinlichkeitsrechnung bestimmt werden kann, wie später erörtert wird. Da die Formeln, welche jetzt entwickelt werden sollen, allgemeiner giltig sind, so ist die Bezeichnung Molekül gewählt, wenn auch vorläufig darunter ein solches aus nur einem Atom bestehend vorausgesetzt wird.

Angenommen, ein Molekül habe die Masse m und die Geschwindigkeit u, dann ist seine Stosskraft $m \cdot u$. Diese giebt es an ein benachbartes Molekül ab und soll nun, um zunächst beim Einfachsten zu bleiben, seinerseits einen Stoss erhalten, der es mit gleicher Geschwindigkeit zurücktreibt. Die Gesamtkraft ist dann $2mu$. Die Gesamtzahl der Stösse, welche es so gegen die Einheit der Oberfläche seines Wirkungsbereiches in der Zeiteinheit ausführt, sei N, dann ist der Effekt seiner Bewegung $N \cdot 2m \cdot u = p$, d. h. der Druck auf die Flächeneinheit. In dieser Gleichung ist noch die Grösse N näher zu bestimmen. Zunächst wird N, also die Zahl der Stösse der Geschwindigkeit, direkt proportional sein, man erhält also $N = u \cdot x$. Ferner werden die Stösse nicht nur nach einer Richtung, sondern nach den drei bezw. sechs Richtungen des Raumes, wenn man das Molekül in die Mitte eines würfelförmigen Wirkungsbereiches versetzt denkt, erfolgen, also ist $x = \frac{1}{6}$ und $N = \frac{u}{6}$. Demnach wird $p = N \cdot 2 \cdot m \cdot u = \frac{u}{6} \cdot 2mu = \frac{1}{3} m \cdot u^2$. Liegt kein einzelnes Molekül, sondern deren eine grössere Anzahl, z. B. in einem bestimmten Volumen eines Gases vor, so ist die Wirkung auf die Oberfläche der Gesamtzahl der Moleküle entsprechend, da die Anzahl der Stösse dem Wirkungsbereich jedes Moleküls umgekehrt proportional ist, dieser aber von der Zahl, die in einem bestimmten Volumen enthalten ist, abhängt. Ist daher P der Druck (auf die Flächeneinheit) und V das Volumen des Gases, ferner N die Zahl der darin enthaltenen Moleküle, so erhält man $P \cdot V = \frac{1}{3} Nm \cdot u^2$.

Die lebendige Kraft eines Moleküls ist $\frac{m \cdot u^2}{2}$. Diejenige von N Molekülen ist dann $K = N \cdot \frac{m \cdot u^2}{2}$, daraus folgt $P \cdot V = \frac{2}{3} K$.

Die Erfahrung lehrt, dass der Druck eines Gases bei konstantem Volumen der Temperatur proportional ist, und zwar nimmt er für jeden Grad um $\frac{1}{273} = \alpha$ zu. Dies kann nur in einer Steigerung der lebendigen Kraft der Moleküle seinen Grund haben, also ist diese $K = N \cdot \frac{m u^2}{2}$ der Temperatur proportional, und letztere liefert wieder einen Massstab für die lebendige Kraft der Moleküle.

Bei derselben Temperatur zeigen nun gleiche Volumina verschiedener Gase denselben Druck, $P = P_1$. Es seien N m u Zahl, Masse und Geschwindigkeit die Moleküle des einen, ebenso $N_1$ $m_1$ $u_1$ die eines andern Gases. Dann ist

$$P = \frac{2}{3} N \cdot \frac{m \cdot u^2}{2} \text{ und } P_1 = \frac{2}{3} N_1 \cdot \frac{m_1 \, u_1^2}{2}.$$

Bei einer Mischung beider Gase findet nun weder Druck noch Temperaturänderung statt. Dies ist nur möglich, wenn die in Wechselwirkung tretende lebendige Kraft die der Moleküle ist. Dieselbe ist also $\frac{m \cdot u^2}{2} = \frac{m_1 \cdot u_1^2}{2}$. Daraus folgt ohne Weiteres $N = N_1$, in Worten: Gleiche Volumina verschiedener Gase enthalten bei demselben Druck und derselben Temperatur dieselbe Anzahl Moleküle (Gesetz von Avogadro). Das Molekulargewicht eines jeden Gases nimmt also bei konstantem Druck und Temperatur immer denselben Raum (22 Liter) ein.

Bezeichnet nun $P_0$ und $V_0$ Druck und Volumen bei $0^0$ (und 760 mm Hg Barometer-Druck), ferner $P_t$ und $V_t$ dieselben Werte bei $t^0$, so ist:

$$P_t \cdot V_t = P_0 \cdot V_0 \left(1 + \frac{t}{273}\right) = \frac{P_0 \cdot V_0}{273} (273 + t).$$

Setzt man den Wert $273 + t = T$ und versteht hierunter die absolute Temperatur, deren Nullpunkt also $273^0$ unter dem Gefrierpunkt des Wassers liegt, bezeichnet man ferner noch $\frac{P_0 \, V_0}{273} = R$, so erhält man aus obiger Formel $P \cdot V = R \cdot T$. Da R eine Konstante, die sog. Gaskonstante, ist, indem dadurch Druck und Volumen beim absoluten Nullpunkt bezeichnet wird, so folgt, dass $P \cdot V$ nur von der Temperatur abhängt, und wenn diese konstant ist, auch selbst konstant bleibt. Angenommen, dasselbe Gewicht eines Gases habe einmal das Volumen V und Druck P und bei einer Änderung der äussern Bedingungen, aber derselben Temperatur das Volumen $V_1$ und Druck $P_1$, so folgt: $P \cdot V = C$ und $P_1 \cdot V_1 = C$ also $P \cdot V = P_1 \cdot V_1$ und $P : P_1 = V_1 : V$, d. h. bei konstanter Temperatur verhalten sich bei demselben Gase Druck und Volumen umgekehrt proportional.

Bei der seitherigen Darstellung war die Anziehung, welche die Atome aufeinander ausüben, nicht in Betracht gezogen. Dieselbe wird aber das Resultat wesentlich ändern müssen und zwar nach verschiedenen Richtungen hin. Übt ein Atom nicht nach allen Richtungen hin dieselbe Anziehung aus, sondern ist diese vorwiegend nach einer Richtung entwickelt, so ordnen sich die Atome paarweise so an, dass ihre Verbindungslinie in die Richtung der stärksten Attraktion fällt. Die Lage des Schwerpunktes, die Art der Bewegung folgt den Gesetzen, wie sie für die Bewegung zweier sich anziehender materieller Punkte bereits genau angegeben sind (s. Seite 9). Wie erwähnt, bezeichnet man eine solche Kombination von zwei und mehr Atomen, welche durch stärkere Anziehungskräfte zusammengehalten werden, als Molekül. Es wird dabei, da die Hauptanziehungskräfte nach dem Innern gerichtet sind, die Entfernung solcher Atomgruppen bezw. Moleküle von einander grösser sein, als die Entfernung der Atome im Molekül. Der Molekularverband ist aber nicht lediglich durch die Attraktion bestimmt, sondern auch durch die Art der Bewegung der Atome. Dieselbe erfolgt in einer geschlossenen Kurve um den Schwerpunkt. Der Abstand wird nicht mehr durch gegenseitige Stösse, sondern durch die Centrifugalkraft bestimmt. Der Schwerpunkt bewegt sich, wie gezeigt wurde, auf einer graden Linie, vorausgesetzt, dass keine äusseren Kräfte hierauf von Einfluss sind, also die Anziehung der Moleküle aufeinander nach allen Richtungen dieselbe ist.

Das Molekül ist also definiert als ein Komplex von Atomen, die nicht nur durch besondere Anziehungskräfte zusammengehalten werden, sondern auch in regelmässiger periodischer Bewegung (Schwingungen) zu einander begriffen sind, während sich der Schwerpunkt des ganzen Systems gradlinig fortschreitend bewegt. Alles, was störend auf diese Bewegungen einwirkt, gefährdet den Bestand des Moleküls als gesonderten mechanischen Systems.

Die Bewegungen der Atome im Molekül bezeichnet man als dessen innere Energie (Clausius).

Wirkt auf ein Molekül eine äussere Kraft von einem festen Punkte aus ein, so kann nach einem im vorigen Kapitel entwickelten Gesetz diese Einwirkung nur dann als auf den Schwerpunkt, in welchem die Massen der Atome vereinigt zu denken sind, erfolgend angenommen werden, wenn die Dimensionen des Moleküls sehr klein im Verhältnis zur Entfernung von dem Kraftcentrum sind. Dies trifft annähernd nur bei den Gasen zu.

Auf die Bewegung von mehr als zwei Atomen kann nicht näher eingegangen werden, da das Problem der drei Körper trotz aller Anstrengungen der Mathematiker noch ungelöst ist. Indessen lassen unter der zweifellos richtigen Annahme, dass es sich um schwingende Bewegungen handelt, sich noch einige wichtige Folgerungen ziehen.

Nimmt man an, ein Atom des Moleküls habe die Masse m und die Geschwindigkeit u und bewege sich auf einem Kreise mit dem Radius r, was für unendlich kleine Bahnelemente immer zulässig ist, so ist die Centripetalkraft, welche es auf seiner krummen Bahn erhält $\frac{m \cdot u^2}{r}$. Ferner ist $\frac{m \cdot u^2}{2}$ die lebendige Kraft eines Atoms und $\Sigma \frac{m \cdot u^2}{2}$ dieselbe für alle desselben Moleküls. Bei Zufuhr von Energie (Erwärmung) nimmt die Geschwindigkeit jedes Atoms um du zu, die lebendige Kraft also um $\frac{m \cdot d(u^2)}{2}$ die aller Atome um $\Sigma \frac{m \cdot d(u^2)}{2}$. Die Radien der Kreise vergrössern sich um nur dr; es wird also die Centripetalkraft um $\frac{m \cdot u^2}{r} \cdot dr$ überwunden. Die dadurch geleistete Gesamtarbeit ist $\Sigma \frac{m \cdot u^2}{r} dr$ oder, wenn N die Zahl der Atome: $N \cdot \frac{m \cdot u^2}{r} dr$. Um einmal den Kreis zu durchlaufen, gebraucht ein Atom die Zeit i (Schwingungsdauer), dann ist der Weg $u \cdot i = 2\pi r$; $\frac{u \cdot i}{2\pi} = r$; $u(i + di) = 2\pi(r + dr)$ (indem u als konstant angenommen wird) $dr = \frac{u \cdot di}{2\pi}$; aus $N \frac{m \cdot u^2}{r} dr$ wird $\frac{N \cdot m \cdot u^2}{\frac{u \cdot i}{2\pi}} \cdot \frac{u \cdot di}{2\pi} = N \frac{m \cdot u^2 \cdot di}{i}$.

Eine Wärmezufuhr d Q leistet demnach die Arbeit

$$dQ = \frac{1}{A}\left[\sum \frac{m \cdot d(u^2)}{2} + \frac{N \cdot m \cdot u^2 \cdot di}{i}\right]$$

(wovon A das mechanische Wärmeäquivalent). Diese Formel gilt nun, wie sich leicht zeigen lässt, für jede Art Schwingungen. Das Molekül erweist sich dadurch als ein adiabatisches cyklisches System und gelten für dasselbe die Gesetze der Theorie der Cyklen, wie sie bereits erwähnt sind oder am geeigneten Orte noch besonders angeführt werden sollen.

Man hat also bei den Atomen zweierlei Arten zu unterscheiden, nämlich einmal solche, deren Attraktion nach allen Richtungen des Raumes annähernd denselben Wert hat (Metalle und Edelgase), und sodann solche, deren Anziehungskraft besonders nach bestimmten Richtungen entwickelt ist. Diese letztere Annahme ist seiner Zeit schon durch van t'Hoff aufgestellt, welcher diese Eigenschaft auf eine besondere Verteilung der anziehenden Masse zurückführte, eine Auffassung die vieles nicht erklären würde. Die Differenzen der Anziehung können bei den Atomen nur einer besonderen Art von Bewegung ihre Ursache verdanken. Die dadurch bedingte Fähigkeit zur Molekularbildung aus gleichartigen Atomen und der schwingende Charakter der Bewegung der letztern um feste Centra haben eine Reihe von eigentümlichen Erscheinungen zur Folge, wie sie die adiabatisch cyklischen Systeme zeigen.

Schon Lord Kelvin zeigte an der Kreiselbewegung, dass solche Systeme Eigenschaften besitzen, wie sie den elastischen festen Körpern zukommen. Hier ist zunächst zu nennen der Widerstand, welchen sie der Einwirkung äusserer Kräfte entgegensetzen. Sie werden dadurch zu schlechten Leitern für Wärme und Elektrizität und sind zumeist durchsichtig. Ebenso langsam, wie eine Änderung ihrer Parameter eintritt, ebenso langsam verschwindet sie auch wieder, worauf ihre Fähigkeit, elektrische Ladungen längere Zeit zu behalten, beruht. Hört die Einwirkung der äusseren Kraft auf, so stellt sich der ursprüngliche Zustand wieder her, seine Änderung erweist sich somit als Zwangslage. Diese und weitere Eigentümlichkeiten, wie die Abhängigkeit der Wärmekapazität von der inneren Energie u. s. w., sollen noch spezieller besprochen werden.

Ganz anders verhalten sich die Atome der Metalle. Sie bilden nur einatomige Moleküle. Sie erweisen sich nach allen Richtungen als leicht beweglich, nehmen daher die Energie der Wärme und Elektrizität leicht und schnell an, geben sie aber auch ebenso rasch an das umgebende Medium ab. Sie sind durchweg undurchsichtig u. s. f. Die Wichtigkeit des Umstandes, dass ihre Moleküle nur ein Atom enthalten, für ihr ganzes chemisches und physikalisches Verhalten ist auch von Erdmann besonders hervorgehoben worden, nachdem schon Werner Siemens Andeutungen in dieser Beziehung gemacht hatte.

Nachdem auf diese Weise vorläufig der Begriff des Moleküls und seine Dynamik festgestellt ist, kann in der Betrachtung des gasförmigen Aggregatzustandes fortgefahren werden. Die allgemeine Formel $\frac{1}{3} N m \cdot u^2 = P V$ ist nur unter der Voraussetzung giltig, dass die Moleküle materielle Punkte darstellen, also keine Ausdehnung besitzen, und dass sie keine Anziehung auf einander ausüben. Beides trifft aber nicht zu. Zunächst erfüllen die Moleküle mit ihrer Masse einen bestimmten Raum, der bei ihren Bewegungen nicht bestrichen wird und also wie eine Verminderung des Gasvolumens wirkt. Den Raum, bis zu welchem die Moleküle sich einander nähern, bezeichnet man als ihre Wirkungssphäre. Dieselbe ist kugelförmig zu denken, und, wenn $\rho$ den Radius bezeichnet und N die Anzahl der Moleküle, welche in Betracht kommen, durch $N \frac{4}{3} \pi \rho^3 = b$ gegeben. Die Masse der Moleküle selbst ist hiervon nur der vierte Teil. In Rechnung gesetzt, wird nun nur das Zwischenvolumen zwischen den Wirkungssphären. Die Gasformel wird dadurch $P \cdot (V - b) = \frac{1}{3} N \cdot m \cdot u^2$.

Ferner üben die Moleküle auf einander eine Anziehung aus. Diese bedingt auch, dass bei Ausdehnung, ohne dass äussere Arbeit geleistet wird, doch eine geringe Abkühlung eintritt durch die Leistung innerer Arbeit gegen die Attraktion. Letztere wirkt umgekehrt zum Quadrate der Entfernung der Moleküle, welche wieder dem Volumen entspricht. Man erhält so $\frac{a}{V^2}$ als Maass der Attraktion. Dieselbe wirkt der lebendigen Kraft der Moleküle, welche den Druck bewirkt, entgegen, ist also in Abzug zu bringen.

Es ist also $P = \frac{\frac{1}{3} N \cdot m \cdot u^2}{V - b} - \frac{a}{V^2}$ und unter Einfügung des Temperaturkoeffizienten: $(1 + \alpha t)$

$$\frac{1}{3} N \cdot m \cdot u^2 (1 + \alpha t) = \left(P + \frac{a}{V^2}\right)(V - b) = R T$$

(van der Waals). Da $R = \frac{P_0 V_0}{273}$, so wird dadurch

$$R = \left(P_0 + \frac{a}{V^2}\right)(V_0 - b) : 273.$$

Setzt man $P_0$ und $V_0 = 1$, so wird

$$R = (1 + a)(1 - b) : 273, \text{ also } \left(P + \frac{a}{V^2}\right) \cdot (V - b) = \frac{(1 + a)(1 - b)}{273} \cdot T.$$

Aber selbst unter Berücksichtigung dieser Faktoren zeigt die Erfahrung noch Abweichungen von der Berechnung. Abgesehen von Änderungen von a und b die später betrachtet werden sollen, kann auch eine Verminderung durch Aggregation oder eine Vermehrung durch Dissoziation der Moleküle deren Zahl ändern und damit das Resultat.

Hier interessiert besonders der Molekularzerfall. Wird die lebendige Kraft der Moleküle gesteigert und damit auch diejenige der in ihnen enthaltenen Atome, so wird nach den früher entwickelten Formeln (s. Seite 32) ein Punkt eintreten, wo die Attraktion überwunden wird und das Molekül zerfällt in zwei oder mehrere. Da aber die Geschwindigkeit der Moleküle nicht bei allen dieselbe ist, so wird bei steigender Temperatur zunächst nur ein Teil derselben dissoziiert. Auch hat man mit der stattfindenden Wiedervereinigung zu rechnen. Das Gleichgewicht ist ein dynamisches, indem in jedem Zeitteilchen soviel Moleküle zersetzt werden, als sich wieder vereinigen. Es ergiebt sich daraus, dass mit steigender Temperatur die Dissoziation zunimmt.

Der Mittelwert, um welchen die Geschwindigkeit der Molekularbewegung schwankt, ergiebt sich nach der Wahrscheinlichkeitsrechnung aus der Relation $P = \frac{\pi}{8} N m \omega^2$ steht, also zu dem bisher benutzten Werte u in dem Verhältnis $\omega = u \sqrt{\frac{8}{3\pi}} = 0{,}9213\ u$ d. h. weicht wenig davon ab.

Bei dissoziierten Gasen hat man es also nicht mehr mit einem einheitlichen Gase zu thun, sondern solange die Dissoziation unvollständig mit einer Mischung von mindestens drei verschiedenen, nämlich mit unzersetzten und mit seinen Komponenten den Zersetzungsprodukten.

Der Druck des Gases setzt sich jetzt aus den Partialdrucken seiner Bestandteile zusammen, von denen ein jeder so wirkt, als wäre er allein vorhanden. Es sei z. B. Salmiakdampf zumteil gespalten in seine Komponenten HCl und $NH_3$, dann sind diese beiden in gleichen Mengen vorhanden, also ist auch ihr Partialdruck gleich $P^1$. Der Partialdruck des ungespaltenen Salmiakdampfes ($NH_4Cl$) sei P, dann ist bei konstanter Temperatur $\frac{P^1 . P^1}{P} = C$ (Konstante) in Worten: Das Produkt der aktiven Massen der beiden Komponenten dividiert, durch die aktive Masse des nicht dissoziierten Bestandteils, ist gleich einer Konstanten

Dieses Gesetz gilt für jedes Volumen, welches die Gase einnehmen, aber nur bei konstanter Temperatur. Bringt man nun $NH_3$ hinzu, so wächst dessen Partialdruck, damit wird das Produkt über dem Strich grösser, da aber die Konstanz erhalten bleiben muss, so wird ein Teil der Dissoziation rückgängig, wodurch der Divisor ebenfalls sich vergrössert. Die Formel ist:

$$\frac{P_{HCl} \cdot P_{NH_3}}{P_{NH_4Cl}} = C.$$

Wird einem Gase Energie zugeführt, z. B. durch Erwärmung um dt, so findet folgendes statt:

1. Die fortschreitende Bewegung der Moleküle wird gesteigert; ihre lebendige Kraft sei K.

2. Die innere Energie derselben nimmt zu, und die Attraktion wird überwunden (Disgregation nach Clausius).

3. Es wird äussere Arbeit geleistet, indem das Volumen zunimmt, ihr Wert sei $p \cdot dv = dL$.

Bezeichnet nun dU die Zunahme der Gesamtenergie, also 1) + 2), zusammen und dQ die Wärmezufuhr, ferner $C_p$ die spez. Wärme bei konstantem Druck und $C_v$ desgl. bei konstantem Volumen, sowie A das mechanische Wärmeäquivalent, so ergiebt sich

$$dQ = A\,(dU + p \cdot dv); \quad dQ = C_p \cdot dt; \quad A\,dU = C_v\,dt.$$

Die Gleichung wird durch Einsetzen dieser Werte:

$$C_p \cdot dt = C_v \cdot dt + A \cdot p\,dv; \quad (C_p - C_v)\frac{dt}{dv} = A \cdot p.$$

Da nun $p \cdot v = RT$ ist, $p \cdot dv = R \cdot dT$, folgt: $\frac{dt}{dv} = \frac{p}{R}$, also

$$(C_p - C_v)\frac{p}{R} = A_p; \quad C_p - C_v = A \cdot R; \quad C_v = C_p - A \cdot R.$$ Da

$dQ = C_p\,dt$, so ist $C_p = \frac{dQ}{dt}$ und $A \cdot dU = C_v \cdot dt$; $C_v = A\frac{dU}{dt}$

$$\text{Ferner ist } p \cdot v = \frac{2}{3} K; \quad p \cdot dv \frac{2}{3} dK = \frac{2}{3}\frac{dK}{dt} \cdot dt;$$

$$(C_p - C_v) \cdot dt = dQ - A \cdot dU = A \cdot dU + A \cdot p \cdot dv - A\,dU$$

$$= A\,p \cdot dv = A \cdot \frac{2}{3}\frac{dK}{dt} \cdot dt; \quad \frac{C_p - C_v}{C_v} \cdot dt = \frac{2}{3} A \frac{dK}{dt} \cdot dt : A \cdot \frac{dU}{dt}$$

$$= \frac{2}{3}\frac{dK}{dt} : \frac{dU}{dt}; \quad \frac{2}{3}\frac{C_p - C_v}{C_v} = \frac{dK}{dt} : \frac{dU}{dt}.$$

Die eben abgeleitete Formel ist von grosser Wichtigkeit, indem sie Aufklärung giebt über das Verhältnis der Änderung der Gesamtenergie dU zu derjenigen der lebendigen Kraft dK der Moleküle. Sie ist allerdings unter der Voraussetzung gewonnen, dass die Wärmekapazität eines Gases dieselbe ist, wenn einmal die Gesamtenergie desselben bei dem Volumen v, und das andere Mal bei dem Volumen v + dv durch Wärmezufuhr um dU vermehrt wird, dass also die Wärmekapazität bei konstantem Volumen $C_v$ von diesem selbst unabhängig ist. Das Verhältnis der spezifischen Wärmen zu einander $C_p : C_v$ wird mit k bezeichnet. Dieser Ausdruck eingesetzt giebt:

$$\frac{3}{2} \frac{C_p - C_v}{C_v} = \frac{3}{2}\left(\frac{C_p}{C_v} - 1\right) = \frac{3}{2}(k-1).$$

Bei der Anwendung der Formel wird es sich darum handeln in Betracht zu ziehen, ob die spezifische Wärme sich mit der Temperatur ändert. Wird k mit wachsender Temperatur kleiner, so wird die fortschreitende Bewegung ein immer kleinerer Bruchteil der Gesamtenergie, indem die innere Energie rascher zunimmt. Ist die innere Energie gleich Null, also die Gesamtenergie der der fortschreitenden Bewegung gleich, so wird $dU = dK$; $3(k-1) = 2$; $k = 1{,}66$. Dieses Verhältnis wird bei den Edelgasen und Metalldämpfen mit ihren einatomigen Molekülen, zutreffen.

Wird bei den Gasen mit zweiatomigen Molekülen der Energiezuwachs gleichmässig auf innere Energie und fortschreitende Bewegung verteilt, so wird $\frac{3}{2}(C_p - C_v) = \frac{C_v}{2}$; $3(k-1) = 1$; $k = 1{,}33$. Dieser Wert ist meist grösser (1,41) und ändert sich mit der Temperatur.

Es fragt sich nun, wovon ist die Grösse der inneren Energie eines Gases abhängig? Zunächst, wie die Erfahrung gelehrt hat, bei Elementen ganz entschieden von deren besonderer Natur, wie schon der verschiedene Wert von k bei den einzelnen Gasen beweist, sodann bei chemischen Verbindungen aber auch von der Art und Form der Zusammensetzung (Konfiguration).

Es lässt sich der fundamental wichtige Satz beweisen, dass die bei chemischen Prozessen in deren Wärmetönung frei werdende Energie ganz oder teilweise der inneren Energie der Moleküle entstammt, welche eine entsprechende Verminderung erleidet.

Spezifisch chemische Kräfte existieren also nicht, diese sind vielmehr mit den auch sonst bei physikalischen Prozessen thätigen identisch. Die spezifische Wärme zeigt eine entsprechende Abnahme, da die Kapazität durch die verminderte Bewegungsfreiheit abnimmt (cfr. Seite 24).

Verbindet sich ein Volumen Chlorgas mit einem Volumen Wasserstoffgas zu zwei Volumen Chlorwasserstoffgas von derselben Temperatur, so wird weder das Volumen noch die Zahl der Moleküle, noch deren lebendige Kraft geändert. Trotzdem erscheint die spezifische Wärme entsprechend der Wärmetönung von 22 Cal. um fast 12 % vermindert. Die Berechnung ergiebt: $\frac{1 \cdot 3{,}409 + 35{,}5 \cdot 0{,}1241}{1 + 35{,}5} = \frac{7{,}815}{36{,}5} = 0{,}217$, während beobachtet wurde 0,1940.

Dieses Beispiel, welchem sich die übrigen Halogenwasserstoffe anreihen lassen, bildet ein durchaus einwandfreies Beispiel.

Weniger genau lässt sich diese Erscheinung bei Gasen, wo Disgregation und äussere Arbeit einen bestimmten Wert haben, nachweisen. Auch hier ist die den rein chemischen Prozessen entsprechende Wärmetönung zu berechnen versucht worden. Das Resultat für Wasser nach Clausius, welches bezüglich seiner Richtigkeit freilich etwas problematisch ist, möge hier folgen:

In der Formel $\frac{K}{U} = \frac{3(C_p - C_v)}{2\,C_v}$ lässt sich K berechnen aus der Gleichung $K = \frac{N \cdot m \cdot u^2}{2} = \frac{28 \cdot 87}{2} \cdot 485^2 \cdot \frac{T}{273} = 3395000 \frac{T}{273}$. Um diese Grösse in Kalorieen auszudrücken, ist noch durch 4168 zu dividieren, also $K = \frac{3395000}{4168} \cdot \frac{T}{273} = 2{,}99\ T$ cal. Für jeden Grad absoluter Temperatur ist also der Zuwachs an lebendiger Kraft 2,99 cal oder rund 3 cal äquivalent. Für Wasserstoff und Sauerstoff ist ferner $k = \frac{C_p}{C_v} = 1{,}41$ also $\frac{C_v}{C_p - C_v} = 2{,}439$.

$$\text{Demnach ist } U = K \frac{2}{3} \frac{C_v}{C_p - C_v} = 3\ T \cdot \frac{2}{3} \cdot 2{,}439 = 4{,}88\ T.$$

In dem Molekulargewicht dieser Gase nimmt für jeden Grad die Gesamtenergie um 4,88 cal zu, wovon 3 auf die fortschreitende Bewegung der Moleküle, also 1,88 auf deren innere Energie entfallen. In gleicher Weise berechnet sich für Wasserdampf $U = 6{,}536\ T$ und $U - K = 3{,}536$. Lässt man also die Bildung von Wasser bei 20° erfolgen und kühlt auf dieselbe Temperatur ab, so erhält man 10880 cal, die von der Wärmetönung abzuziehen sind; für die rein chemischen Prozesse bleiben demnach 57320 cal. Die Rechnung ist indessen unsicher, da die Voraussetzungen nicht einwandfrei und die zu Grunde gelegten Werte, z. T. ungenau sind. Die spez. Wärme $C_p$ ist für Wasserstoff 3,41, für Sauerstoff 0,21751 und für Wasserdampf endlich 0,3787, berechnet ergiebt sich aber 0,5722. Die Abnahme ist evident, indessen ist zu berücksichtigen, dass die Zahl der Moleküle um ein Drittel vermindert ist. Bei der Schwierigkeit und Unsicherheit, welche dadurch die Rechnung erhält, mag von weiteren Beispielen abgesehen werden.

Die von der Waals'sche Gleichung $\left(p + \frac{a}{V^2}\right)(v - b) = RT$ hat, wie schon erwähnt, auch abgesehen von der Dissoziation, sich auch sonst als ungenau erwiesen. Es hat sich nämlich gezeigt, dass sowohl die Attraktion der Moleküle a als die Grösse von deren Wirkungssphären (b) sich mit der Tempertur ändern. Es wird damit wieder bestätigt, dass die Anziehungskräfte der Moleküle bezw. Atome von den äusseren Bedingungen, speziell der Art und Intensität der Bewegung beeinflusst wird und somit nicht als unveränderliche Distanzenergie wirkt, sondern selbst einer besondern Art von Bewegung ihre Ursache verdanken muss, gemäss dem Prinzip der Gleichheit von Wirkung und Gegenwirkung. Die Abhängigkeit der chemischen Prozesse von der Temperatur liefert hierfür zahlreiche Beispiele.

Die Versuche, die van der Waals'sche Gleichung so zu ändern, dass sie passt, haben bisher zu keinem brauchbaren Resultat geführt. Es handelt sich hier um verschiedene verwickelte Vorgänge, die im einzelnen schwer zu verfolgen sind. Solange die Moleküle durch bedeutende Entfernungen von einander getrennt sind, kann man ohne Bedenken ihre Masse und dementsprechend ihre Anziehungskraft in dem Schwerpunkt konzentriert denken und ihre Wirkung als nach allen Richtungen gleich annehmen (cfr. Seite 11). Je mehr sie sich einander nähern, je mehr bei sinkender Temperatur die Intensität ihrer Bewegung sich vermindert, um so mehr werden die einzelnen Bestandteile ihre spezifische Wirkung zur Geltung bringen, da die Dimensionen im Verhältnis zur Entfernung nicht mehr vernachlässigt werden können. Wenn es auch noch nicht zur Bildung von Molekularaggregaten kommt, so bleiben doch Störungen der Molekularbewegung nicht aus. Die fortschreitende Bewegung der letztern kommt nur dann unvermindert als Stosswirkung zur Geltung, wenn sie gradlinig erfolgt. Werden durch ungleichmässige

Wirkung der Anziehungskräfte Kurven beschrieben, oder kommt es gar zu Wirbelbildungen, so nimmt die Zahl der Stösse ab, der Gasdruck sinkt. Der „curl" der Bewegung kann nicht mehr unbedenklich gleich Null gesetzt werden. Beachtet man diesen wichtigen Punkt nicht, so könnte man aus dem physikalischen Verhalten leicht zu dem Schluss verleitet werden, dass schon jetzt Polymerisationen teilweise eingetreten seien, was gar nicht der Fall zu sein braucht.

Molekularaggregate, dadurch bedingt, dass die Anziehung nicht mehr nach allen Seiten gleich ist, werden bei weiterer Abnahme der Entfernung und Intensität der Bewegung schliesslich nicht ausbleiben, sich aber im einzelnen Falle bald mehr, bald weniger leicht bilden. Mit Sicherheit sind sie in Flüssigkeiten nachgewiesen. Es kann hierzu zunächst das Verhalten der Oberflächenspannung dienen.

Die Anziehung der Moleküle auf einander bewirkt an der Oberfläche einen einseitigen Zug oder Druck nach innen, welcher dieselbe zu verkleinern strebt und die Kugelform freier Tropfen bedingt. Um vergleichbare Resultate zu erlangen, betrachtet man die Oberflächenspannung $\gamma$ des Molekularvolumens V in Kugelform (molekulare Oberflächenspannung). Der Inhalt der Kugel ist $\frac{4}{3} r^3, \pi = V$, ihre Oberfläche $4 r^2 \pi = V^{\frac{2}{3}} \cdot \pi \cdot \frac{1}{3} \sqrt[3]{36}$.

Die Oberflächen verhalten sich also wie die $\frac{2}{3}$ Potenzen der Volumina, und die molekulare Oberflächenspannung ist $V^{\frac{2}{3}} \cdot \gamma$. Es hat sich nun herausgestellt, dass der Temperaturkoeffizient der molekularen Oberflächenspannung $V^{\frac{2}{3}} \cdot \gamma = k \cdot (T - T_0)$ (Eötvös) unabhängig von der speziellen Natur der Flüssigkeit, nämlich allgemein 2,27 beträgt (nach Ramsay und Shields 2,12). Indessen zeigen gewisse Flüssigkeiten erhebliche Abweichungen hiervon. Wasser ergab z. B. nur 0,9 (1,2). Daraus ist eine Assoziation der Wassermoleküle zu folgern.

Auch aus den Siedepunktsregelmässigkeiten hat Vernon versucht, Schlüsse auf den Molekularzustand zu ziehen und giebt für Wasser die Molekularformel $4 H_2O$.

Um über die Dynamik der Moleküle bezw. Atome im flüssigen und festen Aggregatzustande Aufschluss zu erhalten, ist es zunächst erforderlich, über die Dimensionen und die Entfernung dieser Elemente eine wenn auch nur ungefähre Vorstellung zu gewinnen. Zu diesem Zwecke müssen nun die sog. kritischen Erscheinungen kurz erörtert werden.

Wird ein Gas, als Beispiel sei Kohlensäure gewählt, komprimiert, und zwar in diesem Falle bei 18° Temperatur, so beginnt sie bei einem Druck von etwa 60 Atmosphären in den flüssigen Zustand überzugehen. Liegt die Temperatur aber über 31° hinaus, so gelingt die Verflüssigung bei keinem noch so starken Drucke. Man bezeichnet daher die Temperatur, unterhalb welcher eine Verflüssigung nicht mehr möglich ist, als die „kritische“. Kritisch ist also zunächst nur die Temperatur. Der Druck, welcher bei dieser zur Verflüssigung nötig ist, wird als der kritische (bei $CO_2$ gleich 70 Atmosphären) und ebenso das Volumen (des Molekulargewichts) sowie der Druck als kritische bezeichnet.

Aus der van der Vaals'schen Gleichung war oben die Formel abgeleitet worden:

$$\left(p + \frac{a}{V^2}\right)(v - b) = \frac{(1 + a)(1 - b)}{273} T.$$

Wird diese nach v aufgelösst, so erhält man:

$$v^3 - \left[b + \frac{(1 + a)(1 - b) \cdot T}{p \cdot 273}\right] v^2 + \frac{a}{p} \cdot v - \frac{a\,b}{p} = 0$$

Nach einem Satze aus der Theorie der Gleichungen ist nun für solche dritten Grades $(v - x_1)(v - x_2)(v - x_3) = 0$, worin $x_1, x_2, x_3$ die drei Wurzeln von v bezeichnen. Zu einem Werte von p gehören ferner nur ein oder drei reelle Werte von v. Wenn nun $\varphi_0$ das kritische Volumen bezeichnet, so muss $x_1 = x_2 = x_3 = \varphi_0$ und $(v - x_1) \cdot (v - x_2)(v - x_3)(v - \varphi_0)^3 = 0$ sein, also

$$(v - \varphi_0)^3 = v^3 - \left[b + \frac{(1 + a)(1 - b)}{\pi_0} \cdot \vartheta_0\right] \cdot v^2 + \frac{a}{\pi_0} \cdot v - \frac{a\,b}{\pi_0}$$

worin $\vartheta_0$ kritische Temperatur, $\pi_0$ kritischer Druck und $\varphi_0$ kritisches Volumen ausdrücken. Hieraus berechnet sich

$$\varphi_0 = 3\,b;\ \pi_0 = \frac{a}{27\,b};\ \vartheta_0 = \frac{8}{27} \cdot \frac{a}{1 + a} \cdot \frac{273}{b\,(1 - b)}.$$

Es lassen sich demnach aus a und b, welche experimentell bestimmbar sind, die kritischen Daten berechnen. So erhält man für $CO_2$ den Wert von $\vartheta_0 = 32{,}5$; $\pi_0 = 61$ Atmosphären; $\varphi_0 = 0{,}0069$.

Umgekehrt können aus den kritischen Daten die Werte von a und b bestimmt werden. Da nun b gleich dem Vierfachen des

Volumens der Moleküle zu setzen ist, so kann auch das wirkliche Volumen der Moleküle $\left(\frac{b}{4}\right)$ gefunden werden. Führt man diese Rechnung für den Siedepunkt bei Atmosphärendruck aus, so ergiebt sich, dass bei den verschiedensten Flüssigkeiten der Raum, welchen die Moleküle selbst einnehmen, 0,3 Teile von dem Gesamtvolumen ausmacht. Es ergiebt sich dieses Resultat daraus, dass die Siedetemperatur unter Atmosphärendruck für die verschiedensten Substanzen eine gleiche reduzierte Temperatur ist.

Unter reduziertem Druck, Temperatur oder Volumen versteht man diese Grössen, ausgedrückt in Bruchteilen der entsprechenden kritischen Daten. Substanzen, bei denen diese reduzierten Grössen übereinstimmen, bezeichnet man als in übereinstimmenden Zuständen befindlich; die reduzierte Zustandsgleichung ist: $\left(\pi + \frac{3}{\varphi^2}\right)(3\varphi - 1) = 8\vartheta$. Hierin bezeichnen $\pi, \vartheta, \varphi$ die reduzierten Werte von p, t, v, d. h. diese als Bruchteile der kritischen.

Aus der Thatsache, dass die Entfernung zwischen den Molekülen bei Siedetemperatur kaum grösser ist als ihr Durchmesser, lassen sich nun eigentümliche Schlussfolgerungen ziehen. Es kann keine Rede mehr davon sein, die Masse der Moleküle in ihrem Schwerpunkt konzentriert und die Anziehung von hier ausgehend anzunehmen; die Dimension ist eben im Verhältnis zur Entfernung nicht mehr zu vernachlässigen. Jede geringe Verminderung der Distanz wird schon bewirken, dass die Atome im Molekül nicht weiter von einander entfernt sind, als von denen der nächsten Moleküle. Beachtet man ferner, dass bei Abkühlung auch die Geschwindigkeit ihrer Bewegung entsprechend nachlässt, wodurch ein weiteres Hemmnis für die Wirkung der Attraktion in zunehmendem Maasse beseitigt wird, so muss es mehr und mehr dahin kommen, dass nicht mehr die Moleküle als Ganzes resp. ihr Schwerpunkt, was ohnehin auch bei grossen Entfernungen nur näherungsweise genau war (cfr. Seite 11), sondern jedes Atom für sich der Betrachtung und Berechnung zu unterwerfen ist. Ein anderes Verfahren ist falsch. Die Gesetze der analytischen Mechanik verlangen, dass nicht mehr der Schwerpunkt des ganzen Moleküls ja nicht einmal der eines einzelnen Atoms, sondern jeder einzelne Punkt (differentional) seiner Masse und die davon ausgehende Anziehung, falls man diese als Eigenschaft der Masse auffasst, was vorläufig wohl nicht umgangen werden kann, in Rechnung zu setzen ist. Die Bewegung des Moleküls als Ganzes hat aufgehört, man hat den festen Aggregatzustand vor sich.

Die nächste wichtige Folgerung, welche hieraus zu ziehen ist, betrifft die spezifische Wärme. Würden die Atome hinsichtlich ihrer Anziehungskräfte sich übereinstimmend verhalten, so müsste zunächst die spez. Wärme für sämtliche festen Körper, sobald die gleiche Zahl von Atomen darin enthalten ist, denselben Wert haben. Wenn nun auch das Gesetz von Dulong und Petit bezüglich der Atomwärmen, sowie das von Kopp für die Molekularwärmen diese Schlussfolgerung im allgemeinen bestätigen, so giebt es doch eine ganze Anzahl Elemente, welche zumteil recht erhebliche Abweichungen von diesen Gesetzen zeigen, die der nähern Erklärung bedürfen.

Wie schon bei der Erläuterung der Kraftfaktoren bemerkt wurde (cfr. Seite 23), kommt für die Kapazität nicht nur die Masse bezw. Zahl der bewegten Teilchen in Betracht, sondern auch deren Beweglichkeit. Ist dieselbe gross, so wird die Kraft zur vollen Entfaltung kommen, ist sie gering, so erfolgt die Mitteilung derselben nur unvollkommen oder gar nicht.

Da sich nun die Atomwärme sämtlicher Metalle als verhältnismässig hoch und bei allen annähernd gleich erweist, so muss den Atomen derselben freie Beweglichkeit zugeschrieben werden, diese beruht darauf, dass die Metallatome nach allen Richtungen des Raumes ziemlich dieselbe Anziehungskraft ausüben, ihre Bewegung also besonderen Bedingungsgleichungen nicht unterworfen ist.

Eine Folge hiervon ist ferner, dass die Metalle nur einatomige Moleküle haben. Nachdem für die Dämpfe von Quecksilber, Zink, Kadmium, Kalium und Natrium, also sehr verschiedenartige Elemente, dies zweifellos nachgewiesen ist, muss notwendigerweise dies Resultat für alle Metalle verallgemeinert werden. Die ausserordentliche Uebereinstimmung, welche dieselben nach den verschiedensten Richtungen hin in ihrem physikalischen Verhalten zeigen, wie Undurchsichtigkeit, Glanz, hohes spez. Gewicht, gute Leitfähigkeit für Elektrizität und Wärme etc. zwingen zu diesem Schlusse. Es kann der Molekularzustand, welcher doch von wesentlichstem Einfluss auf alle diese Erscheinungen ist, kein verschiedener sein. Es folgt dies ferner aus dem Prinzip der wahren Wärmekapazität (Clausius). Wenn bei gewissen Untersuchungen, wie Schmelzpunktänderungen bei

Metallgemischen sich scheinbar einige Ausnahmen gefunden haben, so ist hier die Frage zu erwägen, ob die bei der Deutung dieser Experimente zugrunde gelegten theoretischen Ansichten auch wirklich stichhaltig sind. Es wird sich zeigen, dass dies durchaus nicht sicher ist. Es muss also vorerst daran festgehalten werden, dass die Metalle in allen Aggregatzuständen nur als Atome existieren.

Wenn nun auch die Anziehung, welche die Atome der Metalle nach den verschiedenen Richtungen ausüben, im Allgemeinen dieselbe ist, so müssen doch gewisse Differenzen in dieser Beziehung zwischen den einzelnen Elementen sich finden, welche deren spez. chemische Natur bedingen, ebenso wie sich bezüglich der übrigen physikalischen Eigenschaften spezifische Unterschiede finden.

Da also bei den Metallen eine besondere Änderung des Molekularzustandes beim Übergang aus dem festen in den flüssigen Zustand nicht stattfindet, so muss ferner die spez. Wärme keine erhebliche Änderung erleiden. Auch dieses bestätigt die Erfahrung. Natürlich muss man bei möglichst naheliegenden Temperaturen vergleichen: z. B. Blei fest bei 16—292°, spez. W. 0,03437; flüssig bei 310°, spez. W. 0,03556; Silber fest bei 800°, spez. W. 0,076, flüssig bei 907—1100°, 0,0748 etc.

Vergleicht man hingegen bei den Nichtmetallen die spez. Wärmen im festen und flüssigen Zustand, so finden sich ganz erhebliche Unterschiede; so beträgt sie z. B. bei Wasser und Jod im erstern Falle nur die Hälfte von der des zweiten. Die Erklärung hierfür ist einfach. Es fällt eben im festen Aggregatzustande derjenige Teil der spez. Wärme, welcher zur Steigerung der innern Energie der Moleküle diente, weg. Es muss also auch diese innere Energie beim Uebergang in den festen Zustand frei werden. Auch dieses trifft zu. Die Schmelzwärme ist die Form, in welcher dieselbe zum Vorschein kommt.

Würde im Moment des Erstarrens keine Änderung des Volumens stattfinden, so würde die lebendige Kraft der fortschreitenden Bewegung des Moleküls den Atomen verbleiben, auf deren jedes zwar nur ein entsprechender Bruchteil derselben entfällt, wofür es aber auch nur einen entsprechenden Teil der Volumenenergie auszuüben braucht. Die gesamte innere Energie wird aber frei werden. Das setzt voraus, dass der Übergang ein plötzlicher ist und kein Zwischenstadium des Erweichens auftritt.

Zwischen dem Zustand eines einatomigen Gases und einem starren Körper besteht aber, wie man auf den ersten Blick etwa meinen konnte, absolut keine Ähnlichkeit. Die kolossalen Differenzen in Bezug auf die Entfernung der Atome im Verhältnis zu deren Dimensionen, sowie die Art und Geschwindigkeit ihrer Bewegung machen die Dynamik beider Systeme zu einer durchaus verschiedenen.

Ebenso wie das eigentümliche Verhalten der Attraktion bei den Metallatomen bestimmend für ihre bereits erwähnten physikalischen Eigenschaften ist, so ist es auch die Ursache für ihre Eigentümlichkeiten in chemischer Beziehung. Besonders ist hier zu nennen grosse Reaktionsfähigkeit, Unfähigkeit komplizierter Moleküle, besonders solche mit kettenförmiger oder ringförmiger Anordnung zu bilden. Auch die wechselnde Valenz dürfte hierauf beruhen.

Den Metallen gegenüber steht nun eine Reihe von Elementen, wo die Atomwärme entweder direkt oder aus der Molekularwärme bestimmt zum Teil erhebliche Abweichungen zeigt. Besonders sind hier zu nennen Kohlenstoff, Bor und Silicium, deren Atomwärmen beträchtlich kleiner sind. Ihre Beweglichkeit muss also mehr oder weniger beschränkt sein, das heisst bestimmten Bedingungsgleichungen unterliegen. Sie nehmen daher die mitgeteilte Energie nur unvollständig an (cfr. Seite 24). Ihre Wärmekapazität ist geringer, als dies sonst der Fall ist. Die Ursache hierfür ist darin zu suchen, dass die Anziehungskraft bei ihnen nach bestimmten Richtungen besonders entwickelt ist. Sie bilden daher auch im festen und flüssigen Zustand zwei- und mehratomige Moleküle. Vom Kohlenstoff weiss man durch van t'Hoff, dass diese Richtungen der Attraktion in die Ecken eines Tetraeders fallen. Dadurch ist auch die Möglichkeit der Bildung hochkomplizierter Moleküle gegeben, worin dem Kohlenstoff am nächsten der Stickstoff kommt.

Für die Nichtmetalle hat daher das Gesetz von Dulong und Petit, sowie das von Kopp nur für den festen Aggregatzustand und auch hier nur mehr oder weniger annähernd Giltigkeit. Die Schmelzwärme ist erheblich, und erleidet die spezifische Wärme beim Schmelzen eine bedeutende Änderung, wie schon erwähnt. In chemischer Beziehung zeichnen sich diese Elemente durch grosse Indifferenz aus, indem ihr fester Molekularverband nur schwer zu trennen ist. Erst bei höheren Temperaturen, wo auch die Atomwärme sich mehr der Norm nähert, gelingt dies.

So verbinden sich der Kohlenstoff und Stickstoff direkt nur in der hohen Hitze des elektrischen Lichtbogens. Es folgen diese Erscheinungen sehr einfach, sobald man die bereits citierten Sätze für adiabatisch-cyklische Systeme heranzieht (ctr. Seite 24).

Da die Bewegungen der Atome mit denen des Äthers in Wechselwirkung stehen, diese aber nach verschiedenen Richtungen verschieden stark wegen des ungleichartigen Verhaltens der Attraktion erfolgen, so folgt der aus der Maxwell'schen Theorie sowie den Experimenten besonders von Fizeau gezogene Schluss, dass der Äther in den Krystallen nach den verschiedenen Richtungen eine verschiedene Dichtigkeit besitzt, hier unmittelbar.

Die Krystallbildung lässt es überhaupt auch notwendig erscheinen, den Molekülen hier einen festen Platz anzuweisen, also Bewegungen derselben auszuschliessen. Wäre eine solche vorhanden, so würden die Achsen des Moleküls, nach welchen die Attraktion besonders wirkt und die also für die Krystallbildung massgebend sind, fortwährend ihre Richtung im Raume wechseln und damit eine regelmässige Aneinanderlagerung und Anordnung ausgeschlossen sein.

Der Satz der „rationalen Indices", sowie die darauf begründete Annahme einer regelmässigen parallelen Anordnung der Moleküle von Frankenheim und Bravais, ferner die erweiterte Anschauung einer um jedes Molekül herum gleichen Anordnung von Sohnke und die daraus abgeleiteten Punktsysteme, bedingen mit Notwendigkeit fixe Vektoren der Attraktion. Die Isomorphie von Mitscherlich, die enantiomorphen Krystalle der stereoisomeren Kohlenstoffverbindungen liefern weitere Beweise. Endlich seien noch die schönen Untersuchungen von Tutton und Muthmann erwähnt, welche weitere Aufschlüsse über die Lage der Moleküle im Krystall gewähren.

Die äusseren Bedingungen, unter welchen die Krystallbildung erfolgt, werden natürlich auch einen erheblichen Einfluss ausüben. So wird es nicht gleichgiltig sein, ob ein Krystall aus einer Lösung sich bildet oder beim Erstarren des geschmolzenen Stoffes.

## Anhang. (Formeln und Begriffe.)

Als Einheit des Druckes wird derjenige definiert, welcher, auf die Flächeneinheit ausgeübt, der Einheit der Masse die Einheit der Beschleunigung erteilt. Dimensionen: $l^{-1} \cdot t^{-2} \cdot m$, d. h. Quotient von Kraft und Flächengrösse.

Der Atmosphärendruck entspricht einer Quecksilbersäule von 760 mm Höhe. Das Gewicht einer solchen beträgt für 1 cm$^2$ : 13,596 · 76 = 1033,296 grm (13,596 spez. Gew. des Quecksilbers.) Auf 1 dcm$^2$ beträgt der Druck 1033,3 · 10$^2$ grm. Wird dieser Druck um die Höhe von 10 cm überwunden, also um den Raum eines Liters, so ist die geleistete Arbeit $1033{,}3 \cdot 10^3 \frac{\text{grm}}{\text{cm}}$

die Literatmosphäre $= \frac{1033{,}3 \cdot 10^3}{42600} = 24{,}25$ cal.

Das mechanische Wärmeäquivalent ist 1 kg cal $= 426 \frac{\text{kgr}}{\text{m}}$ (genauer 425,66 Rowland) $= 426 \cdot 9{,}81 \cdot 10^6$ erg.

1 erg $= 0{,}24 \cdot 10^{-7}$ cal.

Der von dem Molekulargewicht in grm, dem „Mol", eingenommene Raum eines Gases beträgt 22,42 Liter bei Atmosphärendruck und 0°.

Die Dampfdichte d ist das spezifische Gewicht eines Gases bezogen auf Luft = 1. Es wiegen 22,42 Liter Luft 28,877 grm.

Um das Molekulargewicht eines Gases M (bezogen auf H = 2) von der Dichte d zu erhalten, dient die Formel

$$M = \frac{2 \cdot d}{0{,}06926} = 28{,}877\,d \quad (0{,}06926 \text{ Dichte von H}).$$

Für einen Grad dehnt sich ein Gas um $\frac{1}{273} = \alpha$ aus. Für ein Gas vom Druck $P_t$ und dem Volumen $V_t$ bei der Temperatur t gilt die Gleichung: $P_t \cdot V_t = P_0 \cdot V_0\,(1 + \alpha t) = R \cdot T$. Für ein Molekulargewicht berechnet sich R als Produkt von Druck und Volumen beim Nullpunkt:

$$R = \frac{P_0 \cdot V_0}{273} = \frac{1 \cdot 22{,}42}{273} = 0{,}0821 \text{ Literatmosphären} = 1{,}991 \text{ cal.}$$

Bei konstantem Druck und 0° um 1° erwärmt, leistet ein Gas durch Ausdehnung die Arbeit L. $L = \frac{P \cdot V}{T} = \frac{P_0 \cdot V^0}{273} = R$. Das ist die Differenz $C_p - C_v$, $C_p$ spez. Wärme bei konstantem Druck, $C_v$ desgl. bei konstantem Volumen, also

$$L = C_p - C_v = \frac{P_0 \cdot V_0}{273} = R = 0{,}0821 \text{ Literatm.} = 1{,}991 \text{ cal.}$$

$$R = \frac{P \cdot V}{T} = \frac{1033{,}3 \cdot 22{,}42}{273} = 84860 \frac{\text{grm}}{\text{cm}}.$$

$P \cdot V = \frac{2}{3} K = \frac{2}{3} N \cdot \frac{m u^2}{2}$; ist nun e die innere Energie der Moleküle, so ist $C_v = N \cdot \frac{m \cdot u^2}{2} + e$ und

$$C_p = N \cdot \frac{m \cdot u^2}{2} + e + \frac{2}{3} N \cdot \frac{m \cdot u^2}{2}; \quad k = \frac{C_p}{C_v} = \frac{\frac{5}{6} N \cdot m \cdot u^2 + e}{\frac{1}{2} N \cdot m \cdot u^2 + e}$$

Die Geschwindigkeit der Gasmoleküle ergiebt sich:

$p = \frac{1}{3} N m \cdot u^2$; $u = \sqrt{\frac{3 p}{N \cdot m}}$; $p = 1033{,}3$; $N \cdot m =$ Masse für 1 Ccm H $= 0{,}00008988$ grm;

$$\text{also } u = \sqrt{\frac{3 \cdot 1033{,}3 \cdot 980{,}6}{0{,}00008988}} = 183900 \frac{\text{cm}}{\text{sec}}.$$

Die bei der Vergrösserung eines Gasvolumens um d v beim Druck geleistete Arbeit ist $d L = p \cdot d v$. Bei der Vergrösserung von v auf $v^1$ ist $L = \int_v^{v_1} p \cdot d v$. Nun ist $p = \frac{R \cdot T}{v}$ also

$$L = R \cdot T \int_v^{v_1} \frac{d v}{v} = R \cdot T \cdot (l v_1 - l v) = R T l \frac{v_1}{v} = \frac{R \cdot T}{0{,}4343} \cdot \log \frac{v_1}{v};$$

$$\text{Da nun } \frac{p}{p_1} = \frac{v_1}{v}, \text{ so ist auch } L = R T \cdot l \frac{p}{p_1} = \frac{R T}{0{,}4343} \cdot \log \frac{p}{p_1}.$$

## III. Kapitel.

# Die Lösungen und chemischen Prozesse.

Während bisher einheitliche Stoffe, d. h. solche, die nur aus einer Art von Molekülen bestehen, erörtert wurden, soll jetzt zu denjenigen übergegangen werden, welche aus verschiedenen Molekülen sich zusammensetzen, und zwar zunächst wegen ihrer besonderen Wichtigkeit die Lösungen betrachtet werden.

Ganz allgemein werden in einem System, welches verschiedenartige Moleküle enthält, diese sich entweder chemisch indifferent zu einander verhalten oder es werden Verbindungen und Umsetzungen stattfinden. Im ersteren Falle hat man zu erwarten, dass die Eigenschaften einer Lösung sich additiv aus gelöstem Stoff und Lösungsmittel im voraus berechnen lassen. Im zweiten Falle müssen mehr oder weniger grosse Abweichungen, speziell auch Änderungen der Energieverhältnisse sich ergeben. Da die sog. chemischen Kräfte von den bei physikalischen Prozessen wirksamen nicht wesentlich verschieden sind, so kann es nicht befremden, wenn die Grenze sich nicht scharf ziehen lässt und es häufig nur Sache der Konvention ist, ob man eine Lösung, d. h. eine physikalische Mischung von Molekülen, oder eine chemische Verbindung in gewissen Fällen annehmen will. Zweifellos ist man aber in ersterer Beziehung viel zu weit gegangen, und es kann nicht wundern, wenn dann die Versuche einer Berechnung der Eigenschaften als arithmetisches Mittel aus derjenigen der supponierten Bestandteile kläglich scheitern. Als eklatantes und wichtigstes Beispiel hierfür seien zunächst die wässerigen Lösungen der anorganischen Salze erwähnt. Für diese lässt sich nach jeder Richtung hin der Beweis erbringen, dass sie als molekulare Verbindungen von Säure und Basis zu gelten haben. Nicht nur die Lösungswärmen, sondern auch alle übrigen Eigenschaften lassen sich von diesem Gesichtspunkte aus additiv bestimmen, während sämtliche Versuche, dieselben aus denen von Wasser und Salz zu berechnen, zu einem durchaus negativen Resultat führten.

Um zunächst die Lösungswärmen zu erwähnen, so wird die Art ihrer Berechnung aus den nachstehenden Beispielen klar werden.

Die Lösungswärme für 1 Molekulargewicht Aluminiumchlorid wurde experimentell ermittelt zu 153,96 cal.

Bei der Lösung findet nun folgender Prozess statt:

| | |
|---|---|
| Zersetzung von $Al_2Cl_6$ = | — 321,8 cal |
| Zersetzung von $6H_2O$ in OH und H = 6×34,15 = | — 204,9 „ |
| Summa | — 526,7 cal |
| Gebildet wird $Al_2$ $(OH)_6$ = | + 388,8 cal |
| „ „ 6H, Cl, aq = 6×39,3 = | + 235,8 „ |
| Neutralisationswärme für 6 Äq. = 6×9,32 = | + 55,9 „ |
| | + 680,7 cal |
| | — 526,7 „ |
| Also berechnete Lösungswärme: | + 154,0 cal |

Die Lösungswärme von Chlorzink wurde gefunden zu 15,63. Die Berechnung ergiebt:

| | |
|---|---|
| Zersetzung von Zn $Cl_2$ = | — 97,21 cal |
| Zersetzung von $2H_2O$ in $2OH + H_2$ = | — 68,3 „ |
| Summa | — 165,51 cal |
| Gebildet wird Zinkhydroxyd Zn $(OH)_2$ = | + 82,7 cal |
| „ „ 2H, Cl, aq = 2×39,3 = | + 78,6 „ |
| Neutralisationswärme = 2×9,94 = | + 19,88 „ |
| | + 181,18 cal |
| | — 165,51 „ |
| Also Lösungswärme: | + 15,65 cal |

Folgende Tabelle enthält in Kolumne I die auf diese Weise berechneten, in Kolumne II die beobachteten Lösungswärmen:

| | I | II | | I | II |
|---|---|---|---|---|---|
| LiCl | 8,43 | 8,40 | $CuCl_2$ | 11,03 | 11,08 |
| NaCl | — 1,2 | — 1,18 | $HgCl_2$ | — 3,33 | — 3,30 |
| KCl | — 4,46 | — 4,44 | $PbCl_2$ | — 6,85 | — 6,80 |
| $CaCl_2$ | 17,58 | 17,41 | NaJ | 1,22 | 1,22 |
| $BaCl_2$ | 2,04 | 2,07 | NaBr | — 0,19 | — 0,19 |
| $SrCl_2$ | 11,09 | 11,14 | $ZnSO_4$ | 18,46 | 18,43 |
| $Al_2Cl_6$ | 153,74 | 153,69 | $MgSO_4$ | 20,26 | 20,28 |
| $MgCl_2$ | 35,91 | 35,92 | $Na_2SO_4$ | 0,46 | 0,46 |
| $ZnCl_2$ | 15,61 | 15,63 | $CuSO_4$ | 15,79 | 15,80 |
| $CdCl_2$ | 2,98 | 3,01 | $KClO_3$ | — 10,03 | — 10,04 |
| $FeCl_2$ | 17,85 | 17,90 | $AgNO_3$ | — 5,44 | — 5,44 |
| $MnCl_2$ | 16,01 | 16,01 | $NaNO_3$ | — 5,03 | — 5,03 |
| $CoCl_2$ | 18,30 | 18,34 | $KNO_3$ | — 8,52 | — 8,52 |
| $NiCl_2$ | 19,09 | 19,17 | | | |

Hierzu ist zu bemerken, dass in einzelnen Fällen das Verfahren bei der Berechnung modifiziert werden muss, nämlich dann, wenn die Bildungswärme des Hydroxyds nicht bekannt ist, sondern nur die des Oxyds. Es kann in diesem Falle auch letztere benutzt werden, nur muss dann dementsprechend auch die Neutralisationswärme für das Oxyd in Ansatz gebracht werden. Es wurde z. B. die Lösungswärme des Silbernitrats gefunden zu — 10,88 für zwei Molekulargewichte. Die Berechnung ist:

| | | |
|---|---|---|
| Zersetzung von | $Ag_2, N_2O_4, O_2$ = | — 61,49 cal |
| „ „ | $2\,H_2O$ in OH u. H = | — 68,36 „ |
| | | — 129,85 cal |
| Es wird gebildet: | $Ag_2\,O$ = | + 5,9 cal |
| „ „ „ | $N_2O_4$, O, aq = | + 102,2 „ |
| Neutralisationswärme des Oxyds | = 2 × 5,44 = | + 10,88 „ |
| | | 118,98 cal |
| | | — 129,85 „ |
| | Also Lösungswärme | — 10,87 cal |

Der Beweis für die Berechtigung dieses Verfahrens liegt darin, dass die Neutralisationswärme des Oxyds sich von der des Hydroxyds genau um den Betrag unterscheidet, welcher zur Überführung des Oxyds in das Hydroxyd nötig ist; daraus folgt, dass bei der Neutralisation des Oxyds zunächst eine Bildung von Hydroxyd stattfindet, welches sich dann mit der Säure neutralisiert, d. h. zu einer molekularen Verbindung zusammentritt.

Fände bei der Neutralisation eine Wasserbildung statt, wie Ostwald annimmt, dann ist nicht einzusehen, warum beim Oxyd sich nicht der Sauerstoff desselben direkt mit dem Wasserstoff der Säure verbinden sollte, was ganz andere thermochemische Daten ergeben würde, als thatsächlich vorhanden sind.

Für die Bildung des Hydroxyds aus dem Oxyd bei der Neutralisation seien noch folgende Beispiele angeführt, die sich beliebig vermehren liessen, und zwar gelten dieselben für die Neutralisation mit Salzsäure.

| | | | | |
|---|---|---|---|---|
| $Na_2O$ aq | = 155,2 | Neutralisationswärme für | $Na_2O$ aq | = 27,48 |
| $Na_2O$ | = 100,2 | „ „ | $Na_2O$ | 82,48 |
| Differenz | 55,0 | | Differenz | 55,0 |
| $Zn(OH)_2$ | = 82,7 | Neutralisationswärme für | $Zn(OH)_2$ | 19,88 |
| ZnO | = 85,4 | „ „ | ZnO | = 17,18 |
| Differenz | 2,7 | | Differenz | 2,7 |

| | | |
|---|---|---|
| $Cu(OH)_2 = 37,52$ | Neutralisationswärme für | $Cu(OH)_2 = 14,9$ |
| $CuO = 31,16$ | „ „ | $CuO = 15,26$ |
| Differenz 0,36 | | Differenz = 0,36 |
| $Mg(OH)_2 = 148,9$ | Neutralisationswärme für | $Mg(OH)_2 = 27,68$ |
| $MgO = 146,0$ | „ „ | $MgO = 30,78$ |
| Differenz 2,9 | | Differenz = 3,10 |

u. s. w.

Lässt man ferner ein Salz in wässeriger Lösung aus seinen Bestandteilen und Wasser sich bilden, so muss eine Wasserzersetzung stattfinden zum Zweck der Bildung von Hydroxyd und Säure. Also muss die entsprechende Wärmetönung negativ in Ansatz gebracht werden, $H_2, O = 68,36$. Die gesamte bei diesem Prozess entwickelte Wärmemenge wird daher um diesen Betrag geringer erscheinen, als wenn Säure und Hydroxyd getrennt gebildet und zur Neutralisation gebracht werden. Einige Beispiele werden dies zeigen.

Bei der Bildung von Magnesiumchlorid erhält man im ersteren Falle

$$1)\ Mg, Cl_2, aq = 186,93$$

im zweiten Falle

$$\begin{aligned} 2)\ Mg, O, H_2O &= 149,00 \\ 2\,H, Cl, aq &= 87,6 \\ \text{Neutr.-Wärme} &= 27,68 \\ \hline \text{Summa } & 255,28 \\ & -186,93 \\ \hline \text{Differenz } & 68,35 \end{aligned}$$

Die Differenz entspricht also genau der Bildungswärme des Wassers.

Es seien weiter angeführt die Zahlen für Natronsalpeter:

$$\begin{aligned} 1)\ Na_2, O, N_2, O_5, aq &= 212,46 \\ 2)\ Na_2, O, aq &= 155,26 \\ H_2, N_2, O_6, aq &= 98,2 \\ \text{Neutr.-Wärme} &= 27,36 \\ \hline & 280,82 \\ & -212,46 \\ \hline & 68,36 \end{aligned}$$

ferner für Natriumsulfat

$$
\begin{array}{lll}
1) & Na_2, S, O_4, aq & = 329{,}07 \\
2) & Na_2, O, aq & = 155{,}26 \\
 & H_2, S, O_4, aq & = 210{,}79 \\
 & \text{Neutr.-Wärme} & = \underline{\phantom{0}31{,}38} \\
 & & \phantom{=}\ 397{,}43 \\
 & & \phantom{=}\ \underline{-329{,}07} \\
 & & \phantom{=}\ \phantom{0}68{,}36
\end{array}
$$

Zahlreiche weitere Beispiele enthalten meine diesbezüglichen Abhandlungen.

Sämtliche bisher angeführten Regelmässigkeiten haben sich für nicht komplexe Salze als allgemein giltig erwiesen.

Dass hier gewisse Regelmässigkeiten herrschen, war z. T. schon von anderer Seite erkannt, so besonders von Tommasi. Auch Jahn u. A. wiesen darauf hin. Tommasi bezeichnete dieselben als das Gesetz der thermischen Konstanten. Es lautet: Die Bildungswärme der Salze zweier Basen A und B in wässeriger Lösung zeigt eine konstante Differenz, einerlei mit welcher Säure sie beide verbunden sind. Das Gesetz lässt sich natürlich auch für die Säuren anwenden. Also: Die Bildungswärme der Salze zweier Säuren $A_1$ und $B_1$ in wässeriger Lösung mit derselben Basis zeigt eine konstante Differenz ohne Rücksicht darauf, welche Basis dies ist. Da der Schwefelwasserstoff die Rolle einer einbasischen Säure spielt, so gehorchen ihm auch die löslichen Sulfide.

Sämtliche physikalischen Eigenschaften der Salzlösungen lassen sich aus denen von Säure und Basis additiv berechnen. Der Beginn sei mit der spez. Wärme gemacht. Wie im vorigen Kapitel an dem Beispiel des Chlorwasserstoffs u. a. gezeigt worden war, sind die chemischen Prozesse mit einer Verminderung der innern Energie im allgemeinen verbunden, wovon eine entsprechende Abnahme der spez. Wärme die Folge ist. Auf der andern Seite ist aber auch der Übergang aus dem festen in den flüssigen Aggregatzustand bei mehratomigen Molekülen ist mit einer Vermehrung der innern Energie und damit Wärme-Absorption und Steigerung der spez. Wärme verbunden, wie ebenfalls schon genauer auseinandergesetzt wurde. Wollte man daher die spezifische Wärme einer Salzlösung additiv aus derjenigen von Wasser und Salz berechnen, so müsste man mindestens die spez. Wärme des geschmolzenen Salzes in Ansatz bringen.

So beträgt für Natronsalpeter, um ein Beispiel anzuführen, die Schmelzwärme 62,975 Cal pro kg (Person), während die spez. Wärme für festes Salz 0,27 821 (Regnault), für geschmolzenes desgl. 0,413 (Person), also fast doppelt so viel beträgt.

Man hat sich aber gerade umgekehrt bemüht, der spez. Wärme des Wassers diejenige für Eis zu substituieren, um in die kläglichen Resultate der Berechnung einen Sinn hineinzubringen.

Alle solche Versuche mussten scheitern, da sie von einer falschen Auffassung der Salzlösungen ausgingen. Die einzige Methode, welche Erfolg hat, ist diejenige, welche Säure und Basis zum Ausgangspunkt der Rechnung macht. Hierbei muss aber wohl beachtet werden, dass deren spez. Wärme mit dem Wassergehalte sich erheblich ändert und erst bei grösseren Verdünnungen einigermaassen konstant wird. Folglich sind nur solche für diesen Zweck brauchbar. Das vorhandene Material ist freilich recht dürftig. Für Kochsalz z. B. sind die betreffenden Werte der spez. Wärme: $HCl + 100\,aq = 0{,}965$; $NaOH + 100\,aq = 0{,}983$; $NaCl + 200\,aq = 0{,}978$, also ziemlich genau das arithmetische Mittel. Diese Berechnung giebt demnach hier die richtigen Resultate.

Das spez. Gewicht der Salzlösungen lässt sich additiv aus dem von Säure und Basis bestimmen. Die hier von Valson aufgefundenen Regelmässigkeiten sind als das Gesetz der Moduleu bekannt.

Betrachtet man die Lösung des Molekulargewichts eines Salzes in einem Liter Wasser, so zeigen zwei bestimmte Basen immer dieselbe Differenz des spezifischen Gewichts, einerlei mit welcher Säure sie verbunden sind. Ebenso zeigen zwei Säuren, verbunden mit derselben Basis, einerlei, welche dies auch sei, stets dieselbe Differenz des spez. Gewichts. Das Verhalten ist also genau dasselbe, wie hinsichtlich des Gesetzes der thermischen Konstanten. Die Dichte einer Salzlösung stellt sich demnach dar als die Summe zweier Komponenten, von denen eine nur von Basis, die andere nur von der Säure abhängt. Geht man nach Valson von einer Salmiaklösung vom spez. Gewicht 1,015 als Normallösung aus, so ergiebt sich $H = 1$ gesetzt und aus praktischen Gründen die äquivalenten Werte mit 10 000 multipliziert, folgende Tabelle:

| | | |
|---|---|---|
| $NH_4$ = 0 | $^1/_2$ Mg = 210 | Cl = 0 |
| K = 289 | $^1/_2$ Mn = 356 | Br = 373 |
| Na = 238 | $^1/_2$ Zn = 410 | J = 733 |
| Li = 78 | $^1/_2$ Cd = 606 | $NO_3$ = 163 |
| $^1/_2$ Ba = 735 | $^1/_2$ Pb = 1087 | $^1/_2$ $SO_4$ = 206 |
| $^1/_2$ Sr = 500 | $^1/_2$ Cu = 434 | $C_2H_3O_2$ = — 15 |
| $^1/_2$ Ca = 280 | $^1/_2$ Ag = 1061 | |

Um die Dichte einer beliebigen Salzlösung zu erhalten, addiert man zu derjenigen der Normallösung, 1,015, diejenige der entsprechenden Säure und Basis hinzu, z. B. für Zinksulfat:

$$1{,}015 + 0{,}041\ (^1/_2\,Zn) + 0{,}020\ (^1/_2\,SO_4) = 1{,}076.$$

Für konzentriertere Lösungen hat Bender gezeigt, dass die Dichte-Differenz $\triangle$ zweier Lösungen, welche im Liter dieselbe Anzahl Aquivalentgewichte enthalten, gleich ist. Man muss also einfach zu der Dichte einer entsprechend konzentrierten Salmiaklösung, die mit der Zahl der Aquivalente im Liter multiplizierten Modulen wie oben addieren:

Die folgende Tabelle giebt die Dichte von Salmiaklösungen für 1 bis 5 Aquivalent Gewicht im Liter.

| Ag. Gew. im Liter | Dichte |
|---|---|
| 1 | 1,0157 |
| 2 | 1,0308 |
| 3 | 1,0451 |
| 4 | 1,0587 |
| 5 | 1,0728 |

Die Farbe einer Salzlösung setzt sich aus der von Säure und Basis zusammen. Eine farblose Basis und eine farblose Säure geben stets auch eine farblose Salzlösung. Die Manganate sind sämtlich violett gefärbt und zeigen alle dieselben Absorptionsstreifen im Spektrum. Die Chromate sind gelb gefärbt, die Kupfersalze blau bei hinreichender Verdünnung, Ferrosalze grün, Ferrisalze gelb u. s. w.

Ostwald hat die Absorptionsspektra von Salzen der Mangansäure, des Fluoresceins, Eosins, der Rosolsäure etc. photographisch aufgenommen, die Übereinstimmung bei verschiedenen Basen ist evident.

Für das optische Drehungsvermögen gilt nach den Untersuchungen Oudemann's der Satz, dass bei entsprechender Konzentration die Lösungen optisch aktiver Alkaloide unabhängig von der damit verbundenen Säure und ebenso optisch aktive Säuren ohne Rücksicht auf die damit verbundene Basis ihr charakteristisches Drehungsvermögen entwicklen. So ergab sich speziell die Molekularrotation der Chinasäure für ihre Salze in $^1/_7$ normaler Lösung für folgende Basen: K = 48,8, Na = 48,9; $NH_4$ = 47,9; Ba = 46,6; Sr = 48,7, Mg = 47,8; also wenig von einander abweichende Werte.

Auch für das Brechungsvermögen lässt sich bei Wahl passender Module der Brechungsindex additiv bestimmen.

Weniger gute Übereinstimmung zeigte sich hinsichtlich des magnetischen Drehungsvermögens, Fluorescenz etc. Man muss eben bedenken, dass Säure und Basis in den Lösungen unter mehr oder weniger ausgeprägter Beteiligung des Wassers eine Art von molekularer Verbindung (Kekulé) eingehen, welche durch die Neutralisationswärme angedeutet wird und wodurch die einen Eigenschaften mehr, die andern weniger modifiziert werden.

Die elektrische Leitfähigkeit, welche wiederum ein vorzügliches Beispiel additiven Verhaltens zeigt, soll mit den übrigen Erscheinungen der Elektrolyse später zusammen erörtert werden.

Für die Zusammensetzung der Salzlösungen aus Säure und Basis lassen sich noch eine ganze Reihe chemischer Prozesse als Beweis anführen. Zunächst ist zu erwähnen die Auflösung der Metalle in Säuren. Die Annahme, dass hierbei eine Substitution von deren Wasserstoff durch Metall stattfindet, ist unhaltbar, vielmehr bildet sich zunächst Metallhydroxyd, welches sodann mit der Säure zu einer molekularen Verbindung zusammentritt. Um dies zu zeigen, soll zunächst das Verhalten des Zinks zur Schwefelsäure betrachtet werden.

Eine Schwefelsäure von der Zusammensetzung $H_2SO_4 + 2–4\,H_2O$ wirkt auf Zink erst bei 220° ein. Es entweicht Schwefeldioxyd, und etwas Schwefel wird abgeschieden. Bei etwas grösserem Wassergehalt tritt weniger Dioxyd und mehr Schwefel auf. Bei einer Zusammensetzung von $H_2SO_4 + 6\,H_2O$ tritt kein Dioxyd mehr, dagegen neben Schwefel Schwefelwasserstoff auf. Bei fortgesetzter Verdünnung wird die Schwefelmenge immer kleiner und verschwindet schliesslich bei einer Zusammensetzung von $H_2SO_4 + 8H_2O$. Bei fernerem Wasserzusatz verschwindet auch der Schwefelwasserstoff, und es tritt nur Wasserstoff auf.

Zunächst ist zu bemerken, dass es nicht gelingt, durch Einwirkung von Wasserstoff auf Schwefelsäure etwas ähnliches zu erzielen. Ameisensäure, die sonst beim Erhitzen Wasserstoff abgiebt, wird durch Schwefelsäure in Kohlenoxyd und Wasser gespalten. Wasserstoff direkt zugeführt, wirkt auch bei stärkerem Druck nicht ein. Selbst ein kathodisch mit Wasserstoff völlig gesättigtes Palladiumblech zeigte keine entsprechende Wirkung.

Die Erklärung für den geschilderten Prozess ergiebt sich folgendermassen: Die Schwefelsäure bildet eine innige Verbindung mit dem Wasser, deren Wärmetönung sich aus der Formel: $W = \frac{n : 17,86}{n + 1,798}$ ergiebt, worin n die Zahl der Wassermoleküle bezeichnet. Dieselben werden danach bis etwa zum zehnten fester gebunden, die späteren nur lose. Dem entspricht in obigem Prozesse das Auftreten von reinem Wasserstoff. Bis dahin war nur oder zum Teil Schwefelsäure zersetzt, weiterhin wird nur Wasser zersetzt.

Genauer ist der folgende Prozess:

Das Zink entzieht zuerst der Schwefelsäure $_2OH$ und bildet Hydroxyd: $Zn + H_2SO_4 = Zn(OH)_2 + SO_2$. Schwefeldioxyd wird frei. Das Hydroxyd verbindet sich mit Schwefelsäuremolekular zu Sulfat $= Zn(OH)_2 H_2SO_4$.

Auch das Dioxyd unterliegt noch der Zersetzung durch Zink, entsprechend dem Vorrat an wasserhaltiger Schwefelsäure, der zunächst nur gering ist: $2 Zn + SO_2 = 2 ZnO + S'$. Schwefel wird abgeschieden, das Zinkoxyd verbindet sich mit wasserhaltiger Schwefelsäure:

$$ZnO + H_2SO_4, H_2O = Zn(OH)_2, H_2SO_4.$$

Das Auftreten des Schwefels hängt also vom Wassergehalte ab und muss mit diesem steigen, so dass schliesslich das Dioxyd ganz verschwindet und der Schwefel mit dem Wasserstoff der Schwefelsäure entweicht:

$$4 Zn + H_2SO_4 = 4 ZnO + H_2S;$$
$$ZnO + H_2SO_4, H_2O = Zn(OH)_2, H_2SO_4.$$

Ist endlich soviel Wasser vorhanden (10 Moleküle), dass die Schwefelsäure es nicht mehr hinlänglich zu binden vermag, so findet Wasserzersetzung statt. Dass Zink hierzu fähig ist, folgt einmal aus der betreffenden Wärmetönung, sodann lässt es sich direkt nachweisen. Begünstigt wird dieser Prozess im vorliegenden Falle dadurch, dass das entstandene Hydroxyd sofort von der Schwefelsäure gebunden wird (sog. prädisponierende Verwandtschaft).

Zur weiteren Aufklärung der geschilderten Vorgänge mögen die entsprechenden Wärmetönungen dienen: $ZnO = 86,4$; $Zn(OH)_2 = 82,7$; $SO_2, O, H_2O = 53,48$; $S, O_2 = 71,1$; $S, O_2, aq = 78,78$. Dieselben sprechen also durchaus im Sinne dieser Auffassung.

Das Verhalten des Zinks zur Salpetersäure ist ganz entsprechend. Zur Bildung von Zinkoxyd bezw. Hydroxyd wird ein entsprechender Teil der konzentrierten Säure zersetzt. In der beigefügten Tabelle ist in Kolumne I die Konzentration der Salpetersäure (spezifisches Gewicht), in II die Anzahl der Moleküle Salpetersäure, welche zersetzt werden zur Bildung von Zinkhydroxyd bezw. Oxyd, sobald sich 12 $ZnN_2O_6$ bilden. In III sind die hierbei entstehenden Nebenprodukte angeführt. Kolumne IV endlich enthält das hierbei gebildete Oxyd bezw. Hydroxyd.

| | I | II | III | IV |
|---|---|---|---|---|
| 1 | 1,42 | 24 $HNO_3$ | 12 $N_2O_4$ | 12 $Zn(OH)_2$ |
| 2 | 1,35 | 12 $HNO_3$ | 6 $N_2O_3$ | 6 $Zn(OH_2)_2$; 6 $ZnO$ |
| 3 | 1,20 | 8 $HNO_3$ | 8 $NO$ | 4 $Zn(OH)_2$; 8 $ZnO$ |
| 4 | 1,10 | 6 $HNO_3$ | 3 $N_2O$ | 3 $Zn(OH_2)$; 9 $ZnO$ |
| 5 | 1,03 | 3 $HNO_3$ | 3 $NH_3$ | 9 $ZnO$ |

Im Falle 1 wird also sämtliches zur Bildung von 12 Molekülen Zinkhydroxyd nötige OH der Salpetersäure entnommen. Im Fall 2 bis 4 wird zum Teil Zinkhydroxyd, zum Teil Zinkoxyd, welches durch Wasseraufnahme in Hydroxyd übergeht, gebildet. In Fall 5 endlich müssen noch 3 Moleküle Zinkhydroxyd durch Wasserzersetzung gebildet werden. Die 6 freiwerdenden H-Atome beteiligen sich an der Bildung des Ammoniaks.

Wenn nun auch die eben erörterten Prozesse schon genügend erweisen, dass bei der Auflösung der Metalle in Säuren sich zunächst Hydroxyd bildet und nicht etwa nur Oxyd, so giebt es doch noch eine Erscheinung, welche nur in dieser Weise ihre Erklärung findet. Es ist dies der sog. passive Zustand der Metalle. Sobald die Möglichkeit der Bildung von Metalloxyd gegeben ist, welches keine Neigung hat, in Hydroxyd überzugehen oder bei zu geringem Wassergehalte nicht kann, wird keine Auflösung erfolgen. Dieser passive Zustand der Metalle kann, wie die Untersuchungen von Strasser und Liebenow über das Jaques'sche Kohlenelement ergeben haben, bei viel mehr Metallen vorkommen, als man bisher glaubte.

Weiterhin ist zu erwähnen die Bildung von Kupferwasserstoff bei der Reduktion von Kupfersalzen durch unterphosphorige und hydroschwefelige Säure $H_2SO_2$ (Schützenberger). Diese beiden üben ihre Wirkung lediglich durch Sauerstoffentziehung aus, indem sie höhere Oxydationsstufen bilden. Damit sich hierbei aber Kupferwasserstoff bilden kann, ist es unbedingt nötig, dass Kupferhydroxyd in der Lösung enthalten ist. Den hierbei stattfindenden Vorgang zeigt folgende Formel

$$2\,Cu(OH)_2 = 2\,CuOH + O + H_2O\,;$$
$$2\,CuOH \quad = Cu_2H_2 + O$$

Ferner ist zu nennen die Zersetzung der Metallsalze durch Thiosulfate. Diesen entziehen den Schwefel direkt nur sehr energisch wirkende Agentien, z. B. Natriumamalgam. Leicht erfolgt dessen Abscheidung aber durch Säuren.

$$Na_2S_2O_3 + 2\,HCl = 2\,NaCl + H_2SO_3 + S$$

Es geben nun aber Lösungen von Nickel, Kobalt und Merkurisalzen sofort schwarze Fällungen von Sulfiden. Bei solchen von Blei, Silber und Merkurisalzen geht der entstehende Niederschlag nach einiger Zeit in schwarzes Sulfid über. Dieses Verhalten lässt keinen andern Schluss zu, als dass in den Lösungen dieser Salze ihre Säure auf die Thiosulfate einwirkt.

Silberthiosulfat, mit Wasser erwärmt, verwandelt sich in schwarzes Schwefelsilber. Die Lösung enthält Schwefelsäure. Es wird hierbei wohl zuerst etwas Thiosäure zu Schwefelsäure oxydiert, die dann zersetzend wirkt.

Wenn bei andern Metallsalzen keine entsprechenden Reaktionen eintreten, so muss die äusserst leicht eintretende Bildung von komplexen Molekülen, wodurch die Reaktion verhindert wird, in Betracht gezogen werden.

Wird Natriumthiosulfat mit Wasserstoffsuperoxyd und der Lösung eines Metallsalzes versetzt, so fällt Metallhydroxyd aus

$$2\,(NaOH)_2,\ H_2S_2O_3 + O = (NOH)_2H_2S_4O_6 + H_2O + 2\,NaOH.$$

Durch Oxydation bildet sich tetrathionsaures Natron, und es werden 2 Moleküle Natriumhydroxyd frei. Dieses muss also als solches vorhanden gewesen sein.

Auch das Verhalten wasserhaltiger Metallsalze beim Erhitzen verdient Erwähnung. Wasserfreies Chlormagnesium z. B. schmilzt unzersetzt bei 708°, während es wasserhaltig schon bei 117° Salzsäure (!) entweichen lässt. Schliesslich bleibt nur noch Magnesia übrig. Das gleiche Verhalten zeigen die meisten Chloride und auch die Salze anderer Säuren. Beim Erhitzen entweicht Säure, und Oxyd bezw. basisches Salz bleibt zurück. Es ist absolut kein Grund vorhanden, anzunehmen, dass die Säure sich erst beim Erhitzen gebildet hat, vielmehr muss sie schon vorhanden gewesen sein.

In den Salzen der organischen Basen und Alkaloide ist nachgewiesenermassen die Säure als solche vorhanden; so haben z. B. die Salze des Guanidins folgende Zusammensetzung: das Chlorid: $CN_3H_5 \cdot HCl$, das Nitrat: $CN_3H_5 \cdot HNO_3$, das Carbonat: $(CN_3H_5)_2 \cdot H_2CO_3$, das Sulfocyanat: $CN_3H_5 \cdot HSCN$ etc.

Es kann also keinem Bedenken unterliegen, auch bei den wasserhaltigen anorganischen Salzen, falls stichhaltige Gründe vorliegen, eine ähnliche Zusammensetzung anzunehmen.

Die meisten Metalle lösen sich in Salzlösungen mehr weniger leicht auf, besonders wenn Sauerstoff zugegen, aber auch ohne dessen Einwirkung. Am auffallendsten ist dies beim Magnesium. Während dieses von Wasser bei niederer Temperatur nicht angegriffen wird, erfolgt sofort seine Lösung, sobald in dem Wasser ein Salz gelöst enthalten ist. Es entwickelt sich Wasserstoff, und zugleich wird entweder unter Bildung des entsprechenden Magnesiumsalzes das Hydroxyd (!) des betreffenden Metallsalzes abgeschieden oder statt dessen Magnesiumhydroxyd. Auch in den Lösungen der Magnesiumsalze selbst findet dies statt. Andere Metalle lösen sich weniger leicht, aber selbst Silber und Gold sind nicht ganz indifferent, besonders den Lösungen der Chloride gegenüber, wie schon der Goldgehalt des Meerwassers, sowie sein Vorkommen in den Quarzkonglomeraten, wo es sicher aus Lösungen abgeschieden ist, beweist.

Zuletzt sind noch über den Vorgang der Neutralisation einige Bemerkungen zu machen. Für die Neutralisationswärme von 13,7 cal giebt Ostwald die Erklärung, dass sie von einer Wasserbildung herrühre, also der Vereinigung des Hydroxyds OH der Basis mit dem Wasserstoff H der Säure entspreche. Es lässt sich aber nachweisen, dass diesem Vorgang eine Wärmetönung von 34,13 cal zukommt, dass also beide H im Wasser gleich stark gebunden sind. Zunächst geht dies aus folgendem Stubstitutionsvorgang hervor: Denkt man in der Formel H — OH das H-Atom durch Chlor ersetzt, wie bei der Bildung der unterchlorigen Säure geschieht, so werden 38,36 Cal verbraucht (H, O, Cl aq = 30,0), wird sodann das zweite H-Atom durch Chlor ersetzt, so werden 38,49 Cal verbraucht (30,0 + 8,49; $Cl_2O$ aq

= — 8,49). Die Wärmetönung, welche dem Ersatz der beiden H Atome durch Chlor entspricht, ist also für jedes dieselbe, folglich sind sie gleich stark gebunden und kommt der Verbindung OH, H die Wärmetönung 34,18 zu, und ebenso der Verbindung O — H, während dieselbe nach Ostwald 54,66 betragen müsste. Wäre dies richtig, so wäre die Verwendung der unterchlorigen Säure zur Oxydation, Bleiche etc. unmöglich, sie könnte ihren Sauerstoff, wie sich leicht berechnen lässt, nur bei Zufuhr von mindestens 11,1 Cal abgeben, während in Wirklichkeit noch 9,38 Cal dabei genommen werden. Ausserdem müsste eine weit grössere Anzahl von Metallen mit Leichtigkeit das Wasser unter Bildung von Hydroxyd zersetzen können, wie eine Betrachtung der entsprechenden Wärmetönungen lehrt, als dies der Fall ist.

Zu erwähnen ist noch das Verhalten des Ammoniaks. Dasselbe hat im Gegensatz zu den übrigen Alkalien mit Salzsäure nur eine Neutralisationswärme von 12,27 Cal. Dagegen zeigt z. B. Tetramethylammoniumhydroxyd $N(CH_3)_4OH$ den regelmässigen Wert 13,75. Daraus geht hervor, dass bei der Neutralisation eine wenigstens teilweise Bildung von Ammoniumhydroxyd erfolgt.

Nachdem gezeigt wurde, dass bei der Auflösung der anorganischen Salze in Wasser weitgehende chemische Umsetzungen stattfinden, ist es von Interesse zu untersuchen, wie sich die Dynamik einer rein physikalischen Lösung gestaltet. Als einfachster Fall sei zuerst die Lösung eines Gases in einer Flüssigkeit betrachtet. Dieselbe erfolgt nach dem Henry'schen Gesetze, welches besagt, dass die Gase in einem beliebigen Lösungsmittel sich ihrem Drucke proportional lösen. Es muss also die Konzentration C der Lösung dem Partialdruck P des darüber befindlichen Gases entsprechen, also $C = k \cdot P$, worin k ein Koeffizient, welcher von der Temperatur und der Beschaffenheit des Gases bezw. Lösungsmittels abhängt. Das Gesetz hat nur für einfache Lösungen der Gase Giltigkeit; treten chemische Veränderungen dabei ein, so wird dasselbe ungenau. Es hat sich bewährt bei den Lösungen folgender Gase: $N_2$, $H_2$, $O_2$, $CO_2$, CO, $N_2O$, $CH_4$, $C_2H_4$, $H_2S$, NO, $C_4H_{10}$, $C_2H_6$ in Wasser und Alkohol, für $CO_2$ in Schwefelkohlenstoff und Chloroform, für $C_2H_2$ in Aceton. Dagegen ergaben sich Unregelmässigkeiten bei $NH_3$ und $SO_2$ in Wasser und starke Abweichungen bei HCl in Wasser. Bei den reinen Lösungen der Gase in Wasser bleibt der Molekularzustand unverändert, hingegen ist die Möglichkeit einer Hydratbildung nicht ausgeschlossen.

Van t'Hoff hat, von den Lösungen der Gase in Wasser ausgehend, auch für die wässerigen Lösungen fester Stoffe die Giltigkeit der Gasgesetze sowie die Übereinstimmung des osmotischen Druckes mit dem Gasdrucke zu erweisen sich bemüht. Der Beweis wird mittelst eines reversiblen Kreisprozesses zu führen versucht, indem bei einer bestimmten Temperatur T ein Teil des gelösten Körpers in Dampfform der Lösung entzogen wird und wieder zurückkehrt, unter Zugrundelegung der Gasformel $P \cdot V = RT$. Hiergegen ist einzuwenden, dass die Berechtigung, die Formel $P \cdot V = RT$ ohne weiteres auf den gelösten Körper anzuwenden, erst nachgewiesen werden muss. Es liegt also ein Verstoss gegen die petitio principii vor. Um zu beweisen, dass die Lösungen fester Körper den Gasgesetzen gehorchen, wird stillschweigend vorausgesetzt, dass sich diese darauf anwenden lassen. Der Anschluss ist aber ein rein formaler. Der gelöste Stoff kann dem Lösungsmittel gar nicht in der Weise entzogen werden, wie etwa ein gelöstes Gas oder Flüssigkeitsdampf. Die Formel $P \cdot V = RT$ ist schon bei wirklichen Gasen und Flüssigkeiten ungenau und durch die bessere von van der Waals zu ersetzen. Im festen Aggregatzustand versagt auch diese völlig.

Die Lösungen fester Körper in Flüssigkeiten kommen nur unter ganz besonderen Bedingungen zu Stande. Damit solche stattfinden, muss die Anziehungskraft, welche die Moleküle der ersteren zusammenhält, durch eine stärkere von Seiten des Lösungsmittels überwunden werden. Ist dies nicht in genügendem Masse der Fall, so wird man wohl eine starke Adhäsion, aber keine Lösung beobachten. Ist die Trennung der Moleküle aber erst einmal erfolgt, so werden sie sich auf Grund ihrer fortschreitenden Bewegung gleichmässig im Lösungsmittel verteilen, wie ein Gas in ein anderes diffundiert, nur wegen der grossen Reibung entsprechend langsamer. Diesem Bestreben nach Ausbreitung im Raume können sie aber nur innerhalb des Lösungsmittels Folge leisten, da nur durch dieses die starken Anziehungskräfte, welche sie auf einander ausüben, gehindert werden, ihre Wirkung zu äussern.

Die starke Anziehung der Moleküle des gelösten Stoffes auf das Lösungsmittel macht sich geltend, wenn ihnen dieses bei der Osmose im reinen Zustand oder stärker verdünnten Lösungen geboten wird. Sie nehmen es auf, und indem sie sich darin verbreiten, sind sie befähigt, dieselbe Arbeit zu leisten, wie ein sich ausdehnendes Gas, also auch einen bestimmten Druck zu überwinden.

Sodann ist eine weitere Folge dieser Attraktionserscheinungen eine Verminderung des Dampfdrucks und eine entsprechende Erhöhung des Siedepunktes, deren Betrag der Konzentration entsprechen muss, aber auch von der Natur des Lösungsmittels abhängt.

Ein anderes Moment ist es, welches die ebenfalls zu konstatierende Herabsetzung des Gefrierpunktes bedingt. Würde man sich das Lösungsmittel plötzlich wegdenken, so würde der gelöste Stoff sofort sich auf sein ursprüngliches Volumen zusammenziehen. Bei der Verteilung im Lösungsmittel hat seine potentielle Energie also eine erhebliche Steigerung erfahren, indem innere Arbeit gegen die noch wirksamen Anziehungskräfte seiner Moleküle geleistet wurde, ebenso wie ein Gas, welches ohne Leistung äusserer Arbeit sich ausdehnt, doch innere Arbeit gegen die Attraktion seiner Moleküle leistet unter entsprechender Abkühlung bezw. Wärmeaufnahme, wodurch gleichfalls seine potentielle Energie vermehrt wird.

Soll demnach ein Teil des Lösungsmittels durch Ausfrieren abgeschieden werden, so muss diese potentielle Energie vermindert werden. Die hierzu nötige Verminderung des Wärmeinhalts bedingt die Gefrierpunktserniedrigung. Es folgt dies aus dem Satze, dass kinetische Energie nur auf Kosten von potentieller und umgekehrt entsteht (cfr. Seite 22). Dabei ist auch der zur Überwindung des starken Reibungswiderstandes nötige Energie-Aufwand nicht zu vernachlässigen.

Die Erhöhung des Siedepunktes braucht also dabei durchaus nicht immer einer vermehrten Wärmezufuhr zu entsprechen. Im Gegenteil kann bei der häufig erheblich verminderten spez. Wärme der Lösungen das Sieden sogar bei Verbrauch einer geringeren Wärme, als sich berechnen lässt, erfolgen.

Es kommt also gar nicht auf den Calorienwert, sondern lediglich auf die Steigerung der lebendigen Kraft der Moleküle, d. h. der Temperatur an. Damit ist bewiesen, dass es Anziehungskräfte sind, die überwunden werden, wie auch die Anwendung der Gleichung von van der Waals sofort zeigt.

Die quantitative Verfolgung dieser besonderen Eigenschaften der Lösungen hat nun das merkwürdige Resultat ergeben, dass äquimolekulare Lösungen beliebiger Stoffe, die mit gleichen Gewichtsmengen desselben Lösungsmittels hergestellt sind, gleichen osmotische Arbeit, gleiche relative Dampfdruckverminderung, gleiche Siedepunktserhöhung und gleiche Gefrierpunktserniedrigung zeigen. Besonders betont muss aber werden, dass diese Übereinstimmung sich nur bei stark verdünnten Lösungen annähernd genau vorfindet. Die verschieden starken Wärmetönungen bei der Auflösung bei weiterem Wasserzusatz, sowie die Kryohydrate sind Beweise für komplizierte, spezifisch verschiedene Prozesse.

Es erhebt sich nun die Frage: Lassen die geschilderten Erscheinungen es gerechtfertigt erscheinen, den Zustand des gelösten Stoffes mit dem eines Gases zu identifizieren und dem Gasdruck einen analogen osmotischen Druck gegenüberzustellen? Zur Beantwortung dieser Frage ist es nötig, die Bedeutung der Gasformel $P \cdot V = R \cdot T$, auf deren Anwendbarkeit sich eine solche Annahme stützt, genauer festzustellen.

Es bezeichnet nun $P \cdot V$ die Arbeit, welche geleistet wird, wenn ein Gas von dem Volumen 0 bis zu dem Volumen V bei dem Drucke P sich ausdehnt. Man erhält deren Wert L, wenn man P in Atmosphären und V in Litern ausdrückt.

$$L = P \cdot V \cdot 1033{,}3 \cdot 10^3 \frac{\text{grm}}{\text{cm}}.$$

Es geht dies auch daraus hervor, dass $P \cdot V = \frac{2}{3} K$ und K, d. h. die lebendige Kraft der Moleküle, ebenfalls eine Arbeitsgrösse darstellt (cfr. Seite 7). Wenn daher die Formel $P \cdot V = R \cdot T$ auf osmotische Prozesse sich anwenden lässt, so heisst dies weiter nichts, als dass hierbei eine Arbeit geleistet wird, welche der eines sich ausdehnenden Gases entspricht. Man ist daher nur berechtigt, von einer osmotischen Arbeit zu sprechen; mit dem Ausdruck „osmotischer Druck“ verlässt man das Gebiet der Thatsachen und begiebt sich in den Bereich der Hypothese. Schon die Gegenwart des Lösungsmittels schafft einen prinzipiellen Unterschied. Die dadurch bedingte Reibung allein reicht hin, um einen auf der lebendigen Kraft, d. h. Geschwindigkeit der Moleküle beruhenden Druck, wie ihn die Gase zeigen, zur Unmöglichkeit zu machen.

Dass mit der Annahme des osmotischen Druckes die gezogenen Grenzen überschritten worden sind, beweist schon der Umstand, dass das eigentümliche Verhalten der Lösungen bisher allen Bemühungen, sie auf dieser Basis zu erklären und in Einklang mit der mechanischen Wärmetheorie zu bringen, gespottet hat. Der osmotische Druck ist also hinfällig und damit auch alle darauf aufgebauten Hypothesen.

Auch die Lösung einer Flüssigkeit in einer anderen ist häufig von gewissen Veränderungen begleitet. Es ist dieses Gebiet indessen noch wenig durchforscht. Es löst sich z. B. Essigsäure in Wasser wesentlich nach der Formel $C_2H_4O_2$, in Benzol dagegen als $(C_2H_4O_2)_2$. Auch Ameisensäure neigt zur Bildung von Doppelmolekülen. Ueberhaupt zeigen hydroxylhaltige Verbindungen die Neigung, zu Doppelmolekülen zusammenzutreten. Dies tritt allerdings nur in hydroxylfreien Lösungsmitteln hervor, wie in Kohlenwasserstoffen, Chloroform, Schwefelkohlenstoff etc., dagegen nicht in Phenol, Essigsäure, Wasser, wo wahrscheinlich Molekularverbindungen mit dem Lösungsmittel sich bilden.

Von den für die Lösungen gefundenen Gesetzmässigkeiten zeigen nun eine grosse Anzahl der wichtigsten Stoffe erhebliche Abweichungen. Es gilt dies für die Lösung der anorganischen Basen, Säuren und Salze. Lösungen, welche gleiche osmotische Arbeit zu leisten im Stande sind, hat man als isotonische bezeichnet und, wie erwähnt, gefunden, dass dieselben dann die gleiche Anzahl Moleküle des gelösten Stoffes in der Einheit des Lösungsmittels (1 Liter) enthalten. Die eben erwähnten Stoffe zeigen hiervon beträchtliche Abweichungen, wodurch man sich veranlasst sah, den isotonischen Koeffizienten i (de Vries) in die Formeln einzuführen. Als Einheit wurde dabei Zucker gewählt. Ist z. B. für 0,18 normale Salpeterlösung $i = 1{,}75$, so müssen für ein Molekulargewicht Salpeter 1,75 Molekulargewichte Zucker gewählt werden, um eine isotonische Lösung zu erhalten. Ein Molekulargewicht Salpeter vermag also die 1,75 fache osmotische Arbeit zu leisten wie ein Molekulargewicht Zucker. Ebenso kann dieser Wert auch aus der molekularen Gefrierpunktserniedrigung bestimmt werden. Ist dieselbe z. B. für die gewählte Lösung t, während ihr normaler Wert (bei Zucker etc.) 18,5 ist, so erhält man $i = \frac{t}{18{,}5}$.

Auch die Siedepunktserhöhung kann zu dieser Bestimmung benutzt werden und endlich auch die elektrische Leitfähigkeit. Die nach diesen verschiedenen Methoden gefundenen Werte von i zeigen indessen meist nur annähernde Übereinstimmung. Besonders gilt dies für die aus der Leitfähigkeit erhaltenen Werte gegenüber den nach den anderen Verfahren gewonnenen. Eine Erklärung hierfür kann erst bei der Erörterung der Elektrolyse gegeben werden. Hier mag es genügen, auf die im Anfang des Kapitels geschilderten chemischen Prozesse, welche bei der Auflösung dieser Stoffe im Wasser stattfinden, zu verweisen. Man hat es eben mit keiner einfachen physikalischen Lösung zu thun, daher die Abweichungen.

Im Anschluss an die Lösungen sollen die Gesetze, welche die Dynamik chemischer Prozesse regeln, und um deren Ergründung sich bereits Berthollet bemüht hatte, erörtert werden. Das wichtigste derselben ist das sogenannte Massenwirkungsgesetz.

Wirken mehrere Stoffe chemisch auf einander ein unter Bildung eines oder mehrerer neuer Körper, so beansprucht der Prozess nach den verschiedensten Richtungen hin unsere Aufmerksamkeit. Es ist zunächst festzustellen: ist die Umsetzung eine vollständige oder nur eine teilweise; wie ist dieselbe ferner von dem Mengenverhältnisse (Konzentration) der reagierenden Stoffe abhängig; welchen Einfluss üben äussere Umstände, wie Temperatur, Druck etc. darauf aus; endlich, wie ist der zeitliche Verlauf der Reaktion, ist dieselbe eine momentane oder langsame gleichmässige oder ungleichmässige? Die Erfahrung und das Experiment haben hier nun eine ganze Reihe Aufschlüsse gebracht. Zunächst hat sich gezeigt, dass eine vollständige Umsetzung fast nur eintritt, wenn die Reaktionsprodukte sich unlöslich abscheiden oder gasförmig entweichen, und daher nicht mehr aktiv teilnehmen können. Ein derartiges System, dessen Bestandteile verschiedenen Aggregatzuständen angehören, bezeichnet man als ein inhomogenes, ein solches hat man aber auch vor sich, wenn die Bestandteile sich nicht vermischen, z. B. Oel oder Chloroform und Wasser oder wässerige Lösungen (Ausschütteln). Nach den Formen (fest, flüssig, dampfförmig), in denen die einzelnen Stoffe sich beteiligen, werden die verschiedenen Phasen des Systems unterschieden. Die einzelne Phase ist dann gleichförmig, und heisst ein System, welches nur aus einer solchen besteht, ein homogenes, während ein inhomogenes aus mehreren Phasen besteht.

Wenn die chemische Umsetzung meist keine vollständige ist, so liegt dies daran, dass die Reaktion auch im umgekehrten Sinne möglich ist. Ebenso wie sich aus Essigsäure und Alkohol ein Ester und Wasser bilden kann, so kann auch umgekehrt aus Wasser und Ester wieder Alkohol und Essigsäure entstehen. Dabei wird es nur darauf ankommen, mit welcher Geschwindigkeit die beiden Reaktionen stattfinden, um feststellen zu können, ob der Zustand stationär ist oder nicht. Ist dieselbe für beide gleich, so muss Gleichgewicht herrschen. Erfolgt die eine rascher, so findet die Reaktion in ihrem Sinne statt bis zum Ausgleich. Es hat sich nun herausgestellt, dass für die Geschwindigkeit der Reaktion die Konzentration der reagierenden Stoffe ceteris paribus der massgebende Faktor ist. Demnach wird eine anfangs rasch verlaufende Reaktion durch Anhäufung des Reaktionsproduktes und stetige Abnahme der Konzentration der reagierenden Substanzen immer langsamer werden.

Befindet sich in dem Volumen V ein Molekül der chemischen wirksamen Substanz vom Volumen v, so ist die Wahrscheinlichkeit, dass dieses sich an einem bestimmten Punkte befindet, gleich $\frac{v}{V}$; für n Moleküle ist dieselbe $\frac{n \cdot v}{V}$. Die Wahrscheinlichkeit, dass ein Molekül eines andern Stoffes vom Volumen v' sich an derselben Stelle befindet, ist $\frac{v'}{V}$ und für n' Moleküle $\frac{v' \cdot n'}{V}$. Die Wahrscheinlichkeit, dass zwei verschiedene Moleküle zusammentreffen und reagieren können, ist dann $\frac{n \cdot v}{V} \cdot \frac{n' v'}{V}$. Diese Verhältnisse müssen sich ändern, wenn die Moleküle in Bewegung sich befinden. Ohne weiteres Eingehen auf die mathematische Ableitung sei hier erwähnt, dass die Zahl der Zusammenstösse der Geschwindigkeit proportional wächst. Der Chemiker macht davon täglichen Gebrauch beim Schütteln oder Rühren seiner Reaktionsgemische. Sieht man von den Differenzen des Molekularvolumens ab, so stellt der Quotient $\frac{n \cdot v}{V}$ die Anzahl der Moleküle im Volumen, als solches dient gewöhnlich das Liter, dar. Die Anzahl der Moleküle wird aber bestimmt durch das Molekulargewicht. Es muss demnach die Anzahl der Zusammenstösse und daher auch die Geschwindigkeit der Reaktion der Konzentration (Molekulargewichte im Liter) proportional sein und für mehrere Körper dem Produkte der Konzentrationen. Bezeichnet man letztere mit $c_1, c_2, c_3 \ldots\ldots$, so ergiebt sich die Reaktionsgeschwindigkeit $u = k \cdot c_1 \cdot c_2 \cdot c_3 \ldots\ldots$ Die Bedeutung des Koeffizienten k ist, dass er die Reaktionsgeschwindigkeit bei Einheit der Konzentration angiebt. Diese wird natürlich von Fall zu Fall verschieden sein, da sie von den chemischen Kräften, Temperatur, Molekularverband etc. abhängig ist.

Verlaufen die Reaktionen auch umgekehrt wie im oben erwähnten Beispiel, so erhält man hierfür die entsprechende Gleichung $u' = k' \cdot c'_1 \cdot c'_2 \cdot c'_3 \ldots\ldots$ Gleichgewicht tritt nur dann ein, wenn die Reaktionsgeschwindigkeiten einander gleich sind, also wenn $u = u'$ und $k' \cdot c'_1 \cdot c'_2 \cdot c'_3 \ldots = k \cdot c_1 \cdot c_2 \cdot c_3 \ldots$ ist, also $\frac{k}{k'} = \frac{c_1 \cdot c_2 \cdot c_3 \ldots\ldots}{c'_1 \cdot c'_2 \cdot c'_3 \ldots\ldots}$ (Grundgesetz der chemischen Statik). Man kann den Prozess dann mit der Dynamik des Wassers und seines Dampfes vergleichen. Hier herrscht Gleichgewicht, wenn in derselben Zeit ebenso viel Moleküle Dampf sich kondensieren auf der Flüssigkeitsoberfläche, als dampfförmig entweichen. Das chemische Gleichgewicht ist also als ein dynamisches zu betrachten.

Beteiligt sich ein Stoff mit mehreren Molekülen an einer Reaktion, so ist die Wahrscheinlichkeit, dass zwei Moleküle desselben an einem Punkte sich befinden, gegeben durch die Gleichung $\frac{n \cdot v}{V} \cdot \frac{n \cdot v}{V} = \left(\frac{n \cdot v}{V}\right)^2 = c^2$; für n Moleküle ebenso $c^n$. Obige Formeln müssen dann dementsprechend durch Einsetzen dieser Werte geändert werden.

IV. Kapitel.

## Das Wesen, die Fortpflanzung, die Entstehung und Wirkungen der elektrischen Kraft.

Es hat nie an Stimmen gefehlt, welche immer wieder darauf hingewiesen haben, dass die Aufgabe der Wissenschaft darin zu bestehen habe, die Elektrizität als eine besondere Art von Bewegung nachzuweisen und deren dualistische Auffassung durch die unitarische zu ersetzen. In der genaueren Beschreibung seiner Gasketten (1843) sagt Grove an einer Stelle: „Es ist indessen ein seltsamer Umstand, der einiger Betrachtung wert ist, dass . . . . alle physikalischen Hypothesen die natürlichen Vorgänge als Wirkungen von Materie und Bewegung darstellen. Diese beiden scheinen die ausgezeichnetsten, wenn nicht die einzigen Vorstellungen des Geistes bezüglich der Naturerscheinungen zu sein, und wenn wir versuchen, Zustände der Materie zu erklären oder zu verstehen, welche nicht offenbare Bewegungen sind, so reduzieren wir sie theoretisch oder hypothetisch auf solche: Die Sinne empfinden die verschiedenen Wirkungen von Schall, Licht, Wärme, Elektrizität u. s. w. Der Geist scheint aber nur fähig zu sein, sie bloss als Arten der Bewegung zu begreifen. Ist das nicht ein Argument dafür, dass alle physikalischen Wirkungen auf diese Begriffselemente zurückzuführen sind?“ Auch Wiedemann betont an verschiedenen Stellen seines grossen Werkes, dass die Elektrizität nichts anderes sein könne als eine besondere Art von Bewegung. Die Theorien von Faraday, Maxwell, Hertz u. A. sind das Resultat solcher mechanischen Vorstellungen. Lord Kelvin sagt ferner: Die negative Elektrizität ist eigentlich die Elektrizität u. s. f.

Elektrizität ist also eine Bewegungserscheinung, und zwar kann es sich nur um eine Wechselwirkung zwischen der ponderablen Materie und dem Äther handeln. Auch die ponderomotorischen Wirkungen dieser Kraft werden damit der Erklärung zugänglich und der Anschluss an die Ätherdrucktheorien der Gravitation (Secchi, Aurel, Andersohn u. A. erreicht. Noch bessere Uebereinstimmung ergiebt die Theorie der Cyklen (Hertz). Es sind die Stösse bezw. der Druck der Ätherteilchen, welche die

Materie bewegen, und es wäre endlich an der Zeit, die mystische unvermittelte Fernkraft oder Distanzenergie definitiv aufzugeben, die auch Newton nicht einmal gewollt hat, sondern die ihm nur von seinen kritiklosen Nachfolgern imputiert worden ist. Dieselbe in der Elektrizitätslehre beseitigt zu haben, ist nicht das kleinste Verdienst der Maxwell'schen Theorie. Eine Kraft, welche durch Bewegung mit Leichtigkeit erzeugt werden kann wie in den Dynamomaschinen, kann nichts anderes als selbst wieder eine Bewegung sein, schon nach dem Prinzip der Gleichheit von Wirkung und Gegenwirkung.

Wenn nun auch die Maxwell'schen Gleichungen, wie schon ihre Ableitung aus den Gleichungen von Lagrange oder äquivalenten mechanischen Prinzipien beweist, die Elektrizität als Bewegung darstellen, so erhebt sich doch eine gewisse Schwierigkeit, wenn man nach der Art dieser Bewegung fragt. Maxwell äussert sich selbst an einer Stelle dahin, dass die Vorgänge bei der Elektrolyse noch die beste Gelegenheit bieten würden, uns einen genauen Einblick in die Natur der Elektrizität zu verschaffen. Die folgenden Resultate sind zum grössten Teil auf diesem Wege erhalten.

Maxwell's Vorstellungen über das Wesen dieser Kraft sind nur ganz allgemein gehalten und von ihm selbst auch nur als mechanische Analogien (dynamical illustration) bezeichnet. Für seine Theorie ist das von grossem Werte, insofern sie, von den nach dem Stande unserer Kenntnis wechselnden Vorstellungen herüber unabhängig, nicht mit ihnen steht und fällt, sondern sie überdauert. Man kann einfach seine Gleichungen hinschreiben und sie damit begründen, dass alle Phänomene daraus in richtiger Weise folgen, wobei man die Grössen P · Q · R nach Boltzmann als die Geschwindigkeitskomponenten einer unbekannten, aber wirklich existierenden Bewegung betrachtet.

Die elektrische Verschiebung oder Spannung (stress and strains), welche Maxwell seinen Vorstellungen zu Grunde legt, ist also kein klarer Begriff und verliert auch durch die Bemühungen Lodge's, ihn mechanisch zu veranschaulichen, seine Unbestimmtheit nicht. Aus Maxwell's Darstellung geht überhaupt nicht deutlich hervor, wie weit an der elektrischen Verschiebung der Äther, wie weit Atome bezw. Moleküle daran beteiligt sind. Er scheint allerdings vorwiegend eine elastische Verschiebung im Äther im Auge zu haben. Die Annahme aber, dass die Elektrizität nur im Äther ihren Sitz habe, macht eine Erklärung der elektrolytischen Erscheinungen unmöglich. Hier liegt auch der wunde Punkt der Maxwell'schen Theorie, für welche die Elektrolyse bisher ein unangreifbares Gebiet darstellte. Auch die Einführung der sogenannten eingeprägten, d. h. von aussen hinzukommenden, im System selbst nicht vertretenen Kräfte, wie z. B. die hydroelektrischen, die an sich schon eine gewisse Willkür bedeuten, vermag die Schwierigkeiten nicht zu heben. Übrigens versagt dieser Kunstgriff auch an anderen Stellen, besonders der Thermoelektrizität gegenüber.

Für eine grosse Zahl der rein physikalischen Erscheinungen mag es vielleicht genügen, das Wesen der elektrischen Kraft in einer elastischen Verschiebung des Äthers zu erblicken oder selbst eine Translation des inkompressiblen Äthers zu gewissen Zwecken anzunehmen, aber schon für die Erklärung der Fortpflanzung der elektrischen Kraft erweist sich die Vorstellung als ungenügend. Es erscheint vielmehr hier unbedingt nötig, das Kräftespiel zwischen Atomen und Äther zur Erklärung mit heranzuziehen.

Die Bewegung des Äthers unter dem Einflusse der elektrischen Kraft ist wegen der enormen Geschwindigkeit der elektromagnetischen Wellen eine derartige, dass ihre Wellennatur völlig verborgen bleibt. Boltzmann bezeichnet dieselbe daher als eine „aphote", um den Gegensatz zu den Lichtwellen auszudrücken. Man kann etwa die Wirkung, welche die langsame Bewegung eines Pendels gegenüber einer rasch schwingenden Stimmgabel auf die umgebende Luft äussert, zum Vergleich heranziehen. Man hat es daher mehr mit einem Impuls, für dessen Wirkung der Ausdruck elektrische Verschiebung beibehalten werden kann, zu thun. Wegen ihrer allgemeinen Bedeutung können überhaupt fast durchweg die von Maxwell aufgestellten Bezeichnungen auch dann noch angewendet werden, wenn man über ihre Beziehungen zu den einzelnen Bestandteilen der Materie sich andere Vorstellungen zu machen begründete Ursache hat. Die Art und Weise, wie ein einzelnes Atom sich diesem durch den Äther übermittelten Impulse gegenüber verhält, hängt von zwei Umständen ab, nämlich einmal seiner Eigenbewegung und sodann von seiner Beweglichkeit nach den verschiedenen Richtungen des Raumes, welche von seiner potentiellen Energie abhängt.

In einem aus mehreren Atomen zusammengesetzten Molekül beschreibt ein jedes derselben eine in Bezug auf den Schwerpunkt des Systems fest bestimmte Bahn in periodischer Schwingung und wird sich einer jeden Änderung derselben widersetzen, wie ein Pendel einer Änderung seiner Schwingungsebene Widerstand leistet. Das System ist an sich ein adiabatisches, d. h. konservatives. Die Bewegung würde auch ohne Zufuhr von Energie fortdauern. Wenn dieselbe nun auch keine streng cyklische ist, so kann man doch folgenden Satz aus der Theorie der Cyklen hier anwenden (cf. Seite 23 Anm.): „Wird ein adiabatisch cyklisches Bewegungssystem einer unendlich kleinen Zustandsänderung durch die Einwirkung äusserer Kräfte auf seine Parameter unterworfen, so werden trotz der Konstanz der cyklischen Momente die cyklischen Intensitäten doch Änderungen und zwar stets in solchem Sinne, dass von ihnen an den Parametern Kräfte wachgerufen werden, welche bei der wirklich stattfindenden Zustandsänderung thatsächlich eine negative Arbeit leisten, d. h. immer den die Zustandsänderung herbeiführenden äusseren Kräften entgegenstreben.“ (Hertz, Prinzipien der Mechanik; Ebert, Magnetische Kraftfelder.) Es wird hierbei nicht nur der zunächst betroffene Parameter selbst verändert, sondern infolge der Verbindungen, welche das System zusammenhalten, auch andere Parameter in Mitleidenschaft gezogen. Unter Parameter sind dabei die allgemeinen Koordinaten der Bewegung verstanden. Es mag nun die Bedeutung dieses wichtigen Satzes im einzelnen und für das allgemeine Verständnis deutlicher auseinandergesetzt werden. Zunächst setzen die Atome eines komplizierten Moleküls der elektrischen Verschiebung einen mehr oder weniger erheblichen Widerstand entgegen, der von der Beschränkung, welche deren Bewegungsfreiheit durch die Attraktionskräfte und das Spiel ihrer gekoppelten cyklischen Bewegung erleiden, abhängt. Derselbe Widerstand macht sich auch gegenüber den Schwingungen des Lichts geltend. Die Bewegung pflanzt sich daher in beiden Fällen, vorzugsweise im Äther, fort. Es folgt der Satz: Sämtliche durchsichtigen Körper sind Dielektrika oder Elektrolyte, während sämtliche Leiter erster Klasse undurchsichtig sind. Der durch die elektrische Verschiebung hervorgerufene Zwangszustand tritt also nur zögernd ein. Ist er aber einmal eingetreten, so wird er auch so leicht nicht wieder verschwinden. Immerhin ist die Energie-Änderung elastischer Art, d. h. der ursprüngliche Zustand tritt mehr oder weniger rasch wieder ein, sobald der Zwang aufhört. Die grössere oder geringere Neigung zur Aufnahme der elektrischen Kraft wird nach Maxwell ausgedrückt durch den Koeffizienten der elektrischen Elastizität, womit das Verhältnis der Scheidungskraft zur elektrischen Verschiebung bezeichnet wird.

Ferner besagt der citierte Satz aus der Theorie der Cyklen, dass die Tendenz zu einer Bewegung in entgegengesetzter Richtung entwickelt wird, die gegebenenfalls zu einer elektrischen Ladung in entgegengesetzter Richtung Veranlassung werden kann. Es ist darin auch der Inhalt des Neumann'schen Induktionsgesetzes eingeschlossen.

Bei der elektrischen Verschiebung, welche die Atome der Moleküle eines Dielektrikums erleiden, muss demnach in erster Linie Arbeit gegen die Parameterkräfte (Kraftmomente) geleistet werden, welche, durch die Änderung der cyklischen Intensitäten hervorgerufen, die erzeugende Zustandsänderung aufzuhalten streben. Ihr Auftreten bedeutet nach dem Gesagten also nichts anderes, als eine Änderung der sog. inneren Energie, speziell der potentiellen. Die Dielektrika erscheinen damit hinreichend charakterisiert: Ihre Energie-Änderung ist elastischer Art, d. h. der ursprüngliche Zustand tritt wieder ein, sobald der Zwang aufhört. Die Fortpflanzung der elektrischen Kraft erfolgt ausschliesslich im Äther, also nicht durch direkte Übertragung von Molekül zu Molekül.

Wesentlich anders verhalten sich die Atome der Metalle. Wegen des nach den verschiedenen Richtungen des Raumes wenig wechselnden Verhaltens der von denselben ausgehenden Attraktion ist die Freiheit ihrer Bewegung nach keiner Seite hin besonders beschränkt. Ihre Bewegung nach einer bestimmten Richtung unter dem Einflusse eines Kraftimpulses wird mehr eine allgemeine Hemmung erfahren, deren Wirkung mit der einer mehr oder weniger starken Reibung verglichen werden kann. Die Ursache hierfür liegt in ihrer Eigenbewegung, indem das Atom nur dann ungehindert zu folgen vermag, wenn die mitgeteilte Bewegung hiermit mehr oder weniger zusammenfällt, während jede stärker davon abweichende Richtung die weitere Mitteilung des Impulses verzögert.

Temperaturerhöhung muss daher in metallischen Leitern den Widerstand erhöhen, Abkühlung ihn herabsetzen. Die neuerdings ermöglichte Herstellung sehr niederer Temperaturen hat es ermöglicht, dieses Gesetz in weitem Umfang zu bestätigen. Gegen den absoluten Nullpunkt hin wächst die Leitfähigkeit in das Unendliche bei den Metallen. Ob auch die durch die Erwärmung vermehrte Entfernung der Atome von einander auf die Leitfähigkeit einen Einfluss hat, muss dahingestellt bleiben, da es sich nicht entscheiden lässt, ob der elektrische Impuls von Atom zu Atom direkt weitergegeben wird, oder, was wohl wahrscheinlicher ist, unter Vermittlung des dazwischen befindlichen Äthers. Infolge ihrer freien Beweglichkeit sind die Atome der Metalle aber auch nicht imstande, den elektrischen Zwangszustand, der fortwährend mit ihrer Wärmebewegung kollidiert, dauernd festzuhalten. So rasch, wie er eintritt, ebenso rasch verschwindet er auch wieder, wobei eine entsprechende Wärmemenge dafür auftritt. Es soll hierauf bei Erörterung der Thermoelektrizität zurückgekommen werden.

Es ergiebt sich somit, dass man den Widerstand als eine Kraft definieren kann, welche dem elektrischen Kraftfluss entgegenwirkt. Auch die dafür gefundenen Formeln, welche die Dimensionen einer Kraft haben, stimmen damit überein. Schwartze sagt daher auch: „Ebenso muss aber auch der Ohm'sche Widerstand, der ähnlich wie das Gewicht als Druck, nämlich als Gegendruck, zur Stromwirkung auftritt, in einer schwingenden Bewegung der beeinflussten Kraftpunkte der betreffenden Substanz des Leitermaterials und des Äthers seinen Grund haben. Hieraus folgt aber wiederum mit Rücksicht auf das Prinzip der Gleichheit von Wirkung und Gegenwirkung, dass auch der sog. elektrische Strom nur als kinetischer Druck zu betrachten ist.“

Es lassen sich zahlreiche Erscheinungen nur auf diese Weise erklären, wie die diruptive Entladung, das Bogenlicht, die Entladung im luftverdünnten Raum etc. Der zweite, einen Widerstand bedingende Anteil der Energie des Leitermaterials, nämlich die potentielle Energie von dessen Atomen, ist zwar nicht bedeutend, bildet aber doch den Grund für die erheblichen Unterschiede, welche nicht nur die verschiedenen Metalle bezüglich der Leitfähigkeit, sondern auch bei Beimengung manchmal recht geringer Mengen fremder Bestandteile aufweisen. Die Legierungen zeigen dementsprechend z. B. kein einfach additives Verhalten, sondern meist eine erheblich geringere Leitfähigkeit, als sich berechnen lässt. Liebenow hat neuerdings ausführliche Untersuchungen hierüber angestellt.

Bevor weitergegangen werden kann, müssen einige wichtige Begriffe der Maxwell'schen Theorie erläutert werden.

Als Einheit der Elektrizitätsmenge bezeichnet man diejenige, welche auf die Gleiche in der Entfernung eins befindliche mit der Einheit der Kraft wirkt. Im Folgenden soll dieselbe als Kraftpunkt bezeichnet werden. Die Elektrizitätsmenge im Raumteilchen dv ist demnach gegeben durch die Anzahl der darin befindlichen Kraftpunkte. Die Anzahl der Kraftpunkte in der Raumeinheit bezeichnet man als räumliche Dichte $\rho$. Dieselbe ist demnach in dem Raumelement dv gegeben durch $\rho \cdot dv$. Durch Feststellung wird die Anzahl der Kraftlinien, welche von einem Kraftpunkte ausgehen, so bestimmt, dass man um letzteren eine Kugelfläche mit dem Radius 1 (cm) beschreibt und nun annimmt, dass durch jede Flächeneinheit ($cm^2$) je eine Kraftlinie geht. Die Gesamtzahl der Kraftlinien ist demnach dann gleich $4\pi$ (Kugeloberfläche mit dem Radius 1). Die vom Raumelement dv ausgehenden Kraftlinien sind $4\pi \cdot \rho dv$. Durch diese rein konventionellen Begriffe sind leider eine grosse Anzahl der wichtigsten Gleichungen mit dem Faktor $4\pi$ beladen worden, was sich, wie O. Heaviside gezeigt hat, sehr wohl hätte vermeiden lassen. Um die Verwirrung noch zu vergrössern, hat man den unbequemen Faktor durch weitere willkürliche Massregeln zum Teil loszuwerden versucht. Man setzt z. B. die Dielektrizitätskonstante $\frac{K}{4\pi} = c$, die räumliche Dichte $\rho$ drückt bald die Zahl der Kraftpunkte, bald diejenige der Kraftlinien aus u. s. f. Da das Beispiel Heaviside's vereinzelt geblieben ist, so bleibt vorläufig nichts anderes übrig, als diesen Ballast weiter mitzuschleppen.

Hat eine Grösse im Raum eine bestimmte Richtung, welche bei einer Kraft durch die Kraftlinien gegeben ist, so bezeichnet man sie als einen Vektor. Ihre Berechnung erfolgt dann mit Vorteil nach den Prinzipien der Vektor-Analysis, welche gegenüber der Kartesischen Darstellungsweise solche Vorzüge bietet, dass ihre Anwendung sich ganz von selbst empfiehlt. Dieselbe soll auch hier zur Entwicklung der nötigen Formeln dienen, wobei bezüglich der Details auf das Buch von Föppl verwiesen sei.

Unter der Einwirkung der elektrischen Kraft wird der Raum zum Kraftfelde. Um von demselben eine Vorstellung zu gewinnen, kann man sich den Raum mit einer Flüssigkeit erfüllt denken. Eine solche wird aber nur deshalb gewählt, um der Bedingung zu genügen, dass die Geschwindigkeit an benachbarten Stellen willkürlich wechseln kann. Im übrigen hat dieselbe etwa mit Wasser und dessen Mechanik nichts gemein, sondern ist mit willkürlichen Eigenschaften versehen. So soll dieselbe besonders die Eigentümlichkeit besitzen, dass an bestimmten Stellen Flüssigkeit neu erzeugt wird, während an anderen Stellen solche verschwindet. Die Folge davon ist, dass aus einem Raumteilchen unter Umständen mehr Flüssigkeit herausströmt, als eingetreten ist, oder umgekehrt weniger herausströmt. Man hat also Quellen (source) und Versickerung (sink) oder Versiegen von Flüssigkeit anzunehmen. Ersteren Fall bezeichnet man mit dem Zeichen „div“ (Divergenz) letzteren mit conv (Convergenz). Ist q der Ausdruck für die Quellen, so ist: $q = \text{div } v$ [$v = f(r)$ Vektor des Kraftfeldes].

Die Quellen sind da, wo man das Vorhandensein einer Elektrizitätsmenge annimmt. Die Ergiebigkeit der Quellen entspricht der Anzahl von da ausgehender Kraftlinien. Nach Zahl und Richtung markieren diese also die Strömung der Flüssigkeit. Sie verbinden also Stellen, wo Quellen sich befinden, mit solchen, wo die Flüssigkeit versiegt. Solche Kraftlinien bezeichnet man dann als offene. Ausserdem unterscheidet man auch noch geschlossene Kraftlinien, die in sich zurück verlaufen, wie die Strömung bei einer Wirbelbildung; hierfür dient das Zeichen „curl“. Ist die Geschwindigkeit v, und der wirbelnde Anteil w, so ist $w = \text{curl } v$. Nur wenn $w = 0$, also das Feld wirbelfrei ist, lässt sich, wie schon im I. Kapitel erwähnt, ein Potential der Kraft bilden.

Aus der Maxwell'schen Theorie interessiert hier weiter noch der Unterschied zwischen wahrer und freier Elektrizität: Teile ich einer in Luft befindlichen Kugel vom Radius r eine elektrische Ladung $e_w$ mit, so ist die Flächendichte $\frac{e_w}{4\pi \cdot r^2}$. Diese Ladung ist die Folge einer elektrischen Verschiebung, die nicht nur an der Oberfläche stattfindet, sondern sich auch in das umgebende Dielektrikum hinein erstreckt, und zwar ist sie völlig unabhängig von der Natur des letzteren. Sie wechselt ihren Wert also auch nicht, wenn man verschiedene Medien kugelschalenförmig übereinander die geladene Kugel umgebend denkt. Beim Übergang von einem Dielektrikum zum andern tritt eine Änderung der Verschiebung nicht ein. Dieselbe entspricht also völlig der wahren Ladung der Kugel. Die Quelle des Kraftflusses ist in der Ladung zu suchen, wo die Kraftlinien beginnen, div $\mathfrak{D}$ hat hier also einen positiven Wert. Ausser der elektrischen Verschiebung $\mathfrak{D}$, welche als der Kapazitätsfaktor der Energie des Kraftfeldes auftritt und etwas wesentlich Neues nur der Maxwell'schen Theorie Eigenes darstellt, kommt noch die elektrostatische Kraft $\mathfrak{E}$ in Betracht. Im Gegensatz zur Verschiebung ist diese aber vom Medium abhängig. Sie ist als die Ursache der Verschiebung anzusehen. Beide sind durch folgende Gleichung mit einander verbunden:

$\mathfrak{D} = c\mathfrak{E}$ oder $\mathfrak{D} = \frac{K}{4\pi}\cdot\mathfrak{E}$. Der in ihr vorkommende Koeffizient wird als Dielektrizitätskonstante bezeichnet. Von ihm hängt der Wert der elektrostatischen Kraft ab. Ist die letztere z. B. in einem Medium geringer als in der Luft, dann kann man gewissermassen die wahre Ladung in zwei Teile zerlegen, einen, welcher als elektrostatische Kraft zur Geltung kommt und einen, welcher sozusagen latent oder gebunden ist. Der erstere Anteil wird als freie Elektrizität oder freie Ladung bezeichnet. Der Kraftfluss geht wieder von der Ladung aus, wo div $\mathfrak{E}$ einen positiven Wert hat. Es sei $\rho_f$ die Dichte, dann ist $\frac{\operatorname{div}\mathfrak{E}}{4\pi} = \rho_f$. Die räumliche Dichte in dem Volumenelement $dv$ ist $4\pi\rho_f\,dv$. Für die ganze Ladung erhält man $4\pi\int\rho_f\,dv$. Dieselbe entspricht dem Kraftfluss durch die ganze Oberfläche $\int\mathfrak{E}\mathfrak{N}\,df$, also $4\pi\int\rho_f\,dv = \int\mathfrak{E}\mathfrak{N}\cdot df$. Es ist $\mathfrak{E}\cdot\mathfrak{N}$ hier das skalare Produkt zweier Vektoren und ergiebt die Projektion des in der Richtung der Kraftlinien fallenden Vektors $\mathfrak{E}$ auf die Normale $\mathfrak{N}$ zum Flächenelement $df$, welches jede beliebige Lage haben kann. Es ist damit also der Gauss'sche Satz ausgedrückt. Da die elektrostatische Kraft vom Medium abhängt, so müssen ihre Kraftlinien an der Grenze zweier verschiedener Dielektrika ihre Dichte wechseln. Es ist hier der Sitz einer freien Ladung und ist div $\mathfrak{E}$ hier von 0 verschieden. Die elektrostatische Kraft wird daher nur in einem einheitlichen isotropen Dielektrikum keine Änderung erleiden, weil nur hier die solenoidale Bedingung, nämlich div $= 0$, wie Maxwell dies ausdrückt, erfüllt ist. Nur in diesem Falle wird der Kraftfluss durch eine geschlossene Fläche unverändert hindurchgehen, also ebensoviel Kraftlinien ein- wie austreten.

Die Potentialdifferenz zwischen zwei Punkten $P_0$ und $P_1$ ergiebt sich als das Linienintegral von $\mathfrak{E}$, nämlich

$$-(U_0 - U_1) = \int_{P_0}^{P_1}\mathfrak{E}\,d'r.$$

Indessen nur dann, wenn das Integral über eine geschlossene Kurve zu Null wird, also vom Integrationswege unabhängig ist, trifft dies zu. Dieses Integral ist $J = df\cdot\operatorname{curl}\mathfrak{E}\mathfrak{N}$. Damit es verschwindet, muss curl $\mathfrak{E} = 0$ sein, d. h. die Verteilung des Vektors $\mathfrak{E}$ muss eine wirbellose sein. Das ist eine notwendige und hinreichende Bedingung. Das Potential selbst ergiebt sich aus der Gleichung: $U = \int \frac{\rho_f \, d\,v}{r}$. Ebenso erhält man aus der bereits erwähnten Gleichung $\frac{\operatorname{div} \mathfrak{E}}{4\pi} = \rho_f$ den Vektor $\mathfrak{E} = \int \mathfrak{r} \frac{\rho_f \, d\,v}{r^3}$ unter Berücksichtigung der ebenfalls schon genannten:

$$4\pi \cdot \int \rho_f \, d\,v = \int \mathfrak{E}\,\mathfrak{N} \cdot d\,f.$$

Zu erwähnen ist noch, dass $\mathfrak{r}$ den Radiusvektor bezeichnet. Für die dielektrische Verschiebung $\mathfrak{D}$ ergeben sich unter Berücksichtigung ihrer Unabhängigkeit vom Dielektrikum ganz dieselben Beziehungen. Die räumliche Dichte wird mit $\rho_w$ bezeichnet und steht zu $\rho_f$ in der Beziehung $\rho_w = K \cdot \rho_f$. Die Gesamtenergie T des Kraftfeldes ergiebt sich aus der Gleichung $d\,T = \frac{1}{2} \mathfrak{E} \cdot \mathfrak{D} \, d\,v$; $T = \frac{1}{2} \int \mathfrak{E}\,\mathfrak{D} \cdot d\,v$. Führt man hierin U, das Potential der elektrostatischen Kraft, ein, so erhält man $T = \frac{1}{2} \int U \cdot \rho_w \cdot d\,v$. Hieraus ergiebt sich eine wichtige Folgerung. Da U, das Potential der elektrostatischen Kraft und diese der freien Elektrizität entspricht, während $\rho_w$ sich auf die wahre Ladung bezieht, so muss man schliessen, dass die Kraft durch die Einwirkung der freien Elektrizität auf die wahre Ladung zu Stande kommt. Lässt man daher zwei geladene Körper aufeinander einwirken und bezeichnet $e'_f$, $e'_w$ und $e''_w$, $e''_f$ die freie bezw. wahre Elektrizität eines jeden, ist ferner r der Abstand ihrer Mittelpunkte, so ergiebt sich die Kraftänderung d T bei einer Verschiebung d a ihres Abstandes a zu

$$d\,T = -\left(\frac{1}{2}\,\frac{e''_w \cdot e'_f}{r^2} + \frac{1}{2}\,\frac{e''_f \cdot e'_w}{r^2}\right) d\,a,$$

das heisst, es wirkt immer die freie Elektrizität des einen auf die wahre Ladung des anderen Körpers.

Diese Andeutungen können für das Verständnis des Folgenden genügen, und soll jetzt als erste Quelle der elektrischen Kraft deren Erzeugung durch Wärme erwähnt werden. In einem Leiter (Metall) stehen natürliche elektrische Ladung und Wärmebewegung in einem Gleichgewicht, welches von der besonderen Beschaffenheit des Leiters und den äusseren Umständen abhängt. Es wird eine jede Störung entsprechend der grösseren oder geringeren Leitfähigkeit so bald als möglich wieder ausgeglichen.

Demnach bewirkt eine jede Wärmezufuhr sofort auch eine entsprechende Steigerung der elektrischen Ladung, und eine Zunahme der letzteren setzt sich alsbald in entsprechendem Masse in Wärme um, so weit sie nicht dem umgebenden Dielektrikum mitgeteilt wird, so dass ein fest bestimmtes Verhältnis immer gewahrt bleibt.

Mit jeder Wärmebewegung ist daher auch in einem Metall ein elektrischer Strom verbunden, und jeden elektrischen Strom wird eine Wärmebewegung begleiten. Man bezeichnet dies als den sogenannten Thomson-Effekt. In einem homogenen geschlossenen Leiter, dessen einzelne Teile Temperaturdifferenzen aufweisen, kann indessen dadurch kein elektrischer Strom entstehen, weil das Integral des Potentialgefälles, über den ganzen Kreis genommen, zu Null wird. Um es einfacher auszudrücken: Ist eine bestimmte Stelle wärmer als die angrenzenden, so geht von hier ein elektrischer Strom rechts herum und einer links herum. Beide gleich stark und von entgegengesetzter Richtung heben einander auf. Da das Verhältnis, in welchem Wärme und elektrische Ladung zu einander stehen, von der Natur des Leiters abhängt, wobei nicht nur chemische Differenzen, sondern auch jede Änderung der physikalischen Beschaffenheit von Einfluss ist, so kann sich die eben erwähnte Regel nicht mehr als giltig erweisen, sobald heterogene Metalle zu einem Kreis, welcher Temperaturdifferenzen aufweist, vereinigt werden. Es seien zwei Stäbchen verschiedener Metalle A und B zusammengelötet und der Kreis leitend geschlossen. Wird jetzt die Lötstelle erwärmt, so geht durch dieselbe ein Strom. Es wird sich nämlich der von hier aus rechts herum verlaufende Strom gegenüber dem links herum gehenden je nachdem schwächer oder stärker erweisen, so dass sie sich nur zum Teil aufheben und das Integral des Potentialgefälles einen von Null verschiedenen Wert erhält. Ist für den Leiter A durch d P der Zuwachs des Potentials im Teilchen d s bezeichnet, so ist $\frac{dP}{ds} = f(A)$; ist ebenso für den Leiter B der entsprechende Wert $\frac{dP_1}{ds} = f(B)$, so wird die dauernde Potentialdifferenz des Stromkreises durch $P - P_1 = \int f(A)\,ds - f(B)\,ds$ gegeben sein. Diese Auffassung, welcher auch diejenige von Kohlrausch entspricht, unterscheidet sich von der bisher meist vertretenen dadurch, dass die Quelle der elektrischen Kraft im ganzen Leiter und nicht nur an der Lötstelle zu suchen ist.

Das Streben von Temperatur und elektrischer Ladung nach einem Gleichgewichtszustand hat verschiedene Folgen. Zunächst wird in einem Leiter (Metall) eine dauernde erhöhte Ladung nicht möglich sein wegen des fortdauernden Übergangs von elektrischer Kraft in Wärme. Um den Zustand aufrecht zu erhalten, ist demnach eine dem Zerfall entsprechende fortdauernde neue Zufuhr von elektrischer Kraft nötig. Das Resultat von Versuchen, vorwiegend an mittleren Leitern angestellt, ist folgendes: Die Grösse q der in der Zeiteinheit im Volumen eines Leiters entwickelten Wärme ist für einen Punkt, in welchem die Intensität des elektrischen Kraftfeldes h ist, auszudrücken durch $\frac{h^2}{\varphi}$ worin $\varphi$ den spezifischen Widerstand des Leiters bezeichnet. Wird die in der Volumeneinheit enthaltene elektrische Kraft des Feldes durch den Wert $W = \frac{h^2}{8\pi \cdot k}$ ausgedrückt $\left(\frac{1}{h} = \text{spez. in-}\right.$ diktiver Kraft), so gilt die Bezeichnung:

$$q = \frac{h^2}{\varphi} = \frac{h^2}{8\pi \cdot k} \cdot \frac{8\pi \cdot k}{\varphi} = \frac{2}{\Theta} W.$$

Es ist dabei $\Theta$ durch $\varphi = 4\pi \cdot k \cdot \Theta$ definiert und hat als ein spezifischer Koeffizient des Leiters zu gelten einer Zeit entsprechend. In Worten ausgedrückt: Die elektrische Kraft W, welche unaufhörlich durch eine Kraftzufuhr von aussen erneuert wird, zerstreut sich vollständig in Wärme in einer Zeit, die durch $\frac{\Theta}{2}$ gegeben ist, und welche kleiner als $10^{-6}$ Sekunden für gewisse Leiter zu sein scheint, während sie für Dielektrika den Wert von $10^6$ Sekunden und darüber erreicht (Schwartze).

Eine weitere Folge ist, dass eine über eine natürliche Ladung hinausgehende bei einem metallischen Leiter nicht in diesem selbst, sondern an seiner Oberfläche bezw. im angrenzenden Dielektrikum ihren Sitz hat, da sie nur hier sich längere Zeit zu halten vermag. Es wird dabei der Übergang zu einem andern Medium von der Maxwell'schen Theorie als kontinuierlich, wenn auch nur in einer unendlich dünnen Grenzschicht angenommen.

Berühren sich zwei Metalle, so wird die für beide verschiedene natürliche Ladung sich auszugleichen und eine mittlere sich einzustellen suchen, wodurch das Potential eines jeden eine Änderung erfährt und zwar bei dem einen im positiven, beim andern im negativen Sinne. Sie werden nach der Trennung eine dementsprechende Ladung erkennen lassen (Contaktelektrizität). Dass dabei auch die Temperatur eine entsprechende, wenn auch minimale Änderung erfahren wird, ist vorauszusehen. Bei diesen Vorgängen muss dem Äther eine Vermittlerrolle zugeschrieben werden dadurch, dass er mit den Atomen in Wechselwirkung tritt, bedingt er nicht nur die elektrische Ladung eines Körpers, sondern auch die Wärmeübertragung ist ohne seine Hilfe nicht gut denkbar.

Ein Körper kann keine grössere Geschwindigkeit mitteilen, als er selbst besitzt. Man würde daher Schwierigkeiten begegnen, wenn man angeben sollte, wie z. B. die Atome des Urans ihre wegen des hohen Atomgewichts entschieden langsame Bewegung, etwa an solche des Lithiums bei direkter Mitteilung abgeben sollen, derart, dass die lebendige Kraft dieselbe bleibt. Das ist einfach unmöglich. Man kommt also ohne einen Zwischenträger nicht aus. Wollte man diesen Gedankengang weiter fortführen, so würde man zu dem Resultate gelangen, dass nicht die natürliche elektrische Ladung eines Körpers eine Folge von dessen Temperatur, sondern umgekehrt die Temperatur von der elektrischen Ladung abhängt. Elektrizität, strahlende Wärme und Licht sind nur wenig modifizierte Äusserungen derselben Kraft. Der Raum ist das ungeheure Kraftfeld für die Energie des Äthers. Indem ich auf die diesbezüglichen Ausführungen von Heaviside, Lodge, M. Frank u. a. verweise, möchte ich das Resultat der Erörterung dahin zusammenfassen, dass das sogenannte Franklin'sche Gesetz falsch ist. Die Körper haben nicht eine gleiche Ladung von positiver und negativer Elektrizität, die sich gegenseitig neutralisieren und nur unter gewissen Bedingungen sich in der Weise trennen, dass stets eine gleiche Ladung freier positiver und negativer Elektrizität entsteht, sondern eine durchaus einseitige (negative) Ladung.

Seit der Entdeckung des Galvanismus hat die Frage nach der Bedeutung chemischer Prozesse bei dieser Art von Elektrizitätserzeugung die Forscher beschäftigt und zu heftigen Kontroversen geführt. Hierbei wurde häufig nicht genügend berücksichtigt, dass die Grenze zwischen chemischen und physikalischen Vorgängen gar nicht scharf zu ziehen ist, sondern unter Umständen rein konventionell ist. Bei der Kontaktelektrizität wurde der oxydierenden Wirkung des Luftsauerstoffs eine grosse Rolle zugeschrieben. Von weit grösserem Einfluss dürfte indessen der, wenn auch geringe Feuchtigkeitsgehalt der Atmosphäre sein. Vollkommen trockenes Natrium und Chlor wirken nicht auf einander ein, sondern nur bei Gegenwart von etwas Feuchtigkeit. Auch dass die Oberfläche sonst leicht oxydabler Metalle an vollkommen trockener Luft sich beliebig lange blank erhält, während sie an feuchter Luft sich rasch oxydiert, ist bekannt u. s. f. Damit ist der Übergang gegeben zu den Erscheinungen, welche bei der Einwirkung von Leitern zweiter Klasse (Elektrolyten) auf Metalle eintreten. Bevor aber die Theorie der Elektrolyse entwickelt werden kann, sollen erst die hier beobachteten Vorgänge und Regelmässigkeiten kurz skizziert werden.

Nach dem Vorgange von Faraday bezeichnet man bekanntlich die durch einen elektrischen Strom in einem Elektrolyten an der Kathode abgeschiedenen Bestandteile als Kationen (meist Elemente), die an der Anode auftretenden desgl. als Anionen (meist chemische Verbindungen aus Sauerstoff), beide zusammen als Ionen. Derselbe Autor hat ferner festgestellt, dass für die Abscheidung eines Aequivalentgewichtes in Gramm, also für die Trennung einer Valenz, eine ganz bestimmte Elektrizitätsmenge $F = 96465$ Coulomb erforderlich ist, einerlei, um welche Verbindung es sich handelt. (Gesetz der festen elektrolytischen Aktion. Faraday, 1833.) Die Zersetzungsspannung hingegen hängt ab von der chemischen Affinität, für welche die entsprechende Wärmetönung der Verbindung einen Massstab liefert. Der Energieverbrauch (in Watt) ist also durchaus nicht immer derselbe, sondern für jeden Fall verschieden. Aus der Wärmetönung lässt sich die Zersetzungsspannung in folgender Weise berechnen: Die der Einheit der elektrischen Kraft, dem Watt (Volt mal Ampère), entsprechende Wärmemenge beträgt 0,2364 gr. cal. Ist ferner W die Wärmetönung für ein Molekulargewicht, und n die Anzahl der gelösten Valenzen, endlich Q die zur Zersetzung nötige Elektrizitätsmenge in Coulomb, also $Q = n \cdot 96465$, und P die Spannung, so ist

$$Q \cdot P \cdot 0{,}2364 = W; \; P = \frac{W}{Q \cdot 0{,}2364} = \frac{W}{n \cdot 96\,465 \cdot 0{,}2364} = \frac{1}{22\,804} \cdot \frac{W}{n}$$

Ferner wurde von Hittorf festgestellt, dass sich die Ionen mit ungleicher Geschwindigkeit bewegen. Er schloss dies aus den Konzentrationsänderungen, welche im Elektrolyten während der Elektrolyse auftreten. Von der gleich 1 gesetzten Strecke, welche beide Ionen zusammen nach entgegengesetzten Richtungen zurücklegen, wird ein Bruchteil n vom Anion und daher der Teil $1 - n$ vom Kation zurückgelegt. Von beiden Ionen überschreitet demnach eine verschieden grosse Anzahl in der Zeiteinheit die Mittellinie (Überführungszahl). Es wird allgemein daher n von $1 - n$ verschieden sein.

Da die durchlaufenen Wegstrecken aber der Geschwindigkeit entsprechen, so wird, wenn diese für das Kation u und für das Anion v ist, sich die Beziehung ergeben $\frac{1-n}{n} = \frac{u}{v}$. Das Verhältnis der Geschwindigkeit ist dabei von der Spannung und unter gewisser Beschränkung von der Konzentration unabhängig, der Einfluss der Temperatur ist gering. Festgestellt ist also nur die Konzentrationsänderung, während die doppelseitige Ionenwanderung nur eine Annahme ist.

Ist nun s der Widerstand eines Elektrolyten, verglichen mit einer entsprechenden Quecksilbermenge (von 1 m Länge und 1 $mm^2$ Querschnitt), so ist der reciproke Wert $\frac{1}{s} = l$ die spezifische Leitfähigkeit. (Um den Widerstand in Ohm auszudrücken, muss durch 1,063 dividiert werden.) Meist wird der Leitfähigkeit der Elektrolyten dagegen das $cm^3$ zu Grunde gelegt, dieselbe ist dann 10 000 mal so gross und wird mit $\lambda$ bezeichnet. Unter molekularer Leitfähigkeit $\mu$ versteht man diejenige, welche das Molekulargewicht in Gramm eines Elektrolyten in einer beliebigen Menge Wasser gelöst zeigt, wenn diese Lösung sich zwischen zwei entsprechend grossen Elektroden befindet, die 1 cm von einander entfernt sind. Ist v das Volumen der Lösung in $cm^3$, so ist also $\mu = v \cdot \lambda$.

Die molekulare Leitfähigkeit $\mu$ nimmt mit der Verdünnung zu und nähert sich asymptotisch einem Maximum, welches als maximale Leitfähigkeit $\mu_\infty$ bezeichnet wird. Kohlrausch hat nun festgestellt, dass die äquivalente Leitfähigkeit eines (binären) Elektrolyten gleich der Summe zweier Einzelwerte ist, von denen der eine dem Anion, der andere dem Kation zukommt. Die Leitfähigkeit des Wassers an sich ist sehr gering. Seine Beteiligung an der Elektrolyse soll später erörtert werden.

Auf Grund der erwähnten Regelmässigkeiten ergiebt sich zunächst der Satz $\mu_\infty = (u + v)\,k$, worin k, ein Proportionalitätsfaktor, von den gewählten Masseinheiten abhängt, u, wie erwähnt, Wanderungsgeschwindigkeit des Kations, v dieselbe des Anions. Da nun, wie erwähnt, $\frac{n}{1-n} = \frac{u}{v}$, so ergiebt sich:

$k \cdot v = (1-n)\,\mu_\infty$ und $k \cdot u = n \cdot \mu$, oder, wenn $k = 1$ gesetzt wird,

$$v = (1-n)\,\mu_\infty;\; u = n \cdot \mu_\infty.$$

Die Lösungen der Elektrolyte zeichnen sich nun dadurch aus, dass bei zunehmender Verdünnung ein wachsender Anteil $\alpha$ sich aktiv an der Leitung beteiligt. Die Bedeutung dieses Koeffizienten $\alpha$ ergiebt sich aus folgendem.

Bei Besprechung der Lösungen war schon mitgeteilt worden, dass solche der anorganischen Salze, Säuren und Basen Abweichungen von den sonst hier geltenden Gesetzen zeigen. Diese Stoffe zeichnen sich nun auch dadurch aus, dass sie Elektrolyte sind und dass ihre Leitfähigkeit gewisse Beziehungen zu den erwähnten Unregelmässigkeiten aufweist. Zunächst ist der isotonische Koeffizient i (de Vries) stets grösser als 1, d. h. die Lösungen vermögen bei derselben molekularen Konzentration (Molekulargewicht in Liter) eine grössere osmotische Arbeit zu leisten als Zuckerlösungen u. a.; der Ausdruck für die osmotische Arbeit lautet daher: $P \cdot V = i \cdot R \cdot T$. Eine entsprechende Abnahme des Gefrierpunktes und Erhöhung des Siedepunktes ist damit verbunden. Dieses Verhalten ist ferner von der Konzentration abhängig, d. h. der Koeffizient i wird grösser mit wachsender Verdünnung und nähert sich asymptotisch dem Werte 2. Hierbei zeigt sich, wie schon erwähnt, auch in Bezug auf die Leitfähigkeit $\mu$ eine Zunahme. Der Maximalwert $\mu_\infty$ wird bei unendlicher Verdünnung erreicht. Ist $\mu$ die Leitfähigkeit bei der Konzentration c, so ist $\alpha = \frac{\mu}{\mu_\infty}$ der Aktivitätskoeffizient der Leitfähigkeit. Derselbe variiert also zwischen 0 und 1. Zu dem Koeffizienten i steht derselbe in folgender Beziehung: Ist z. B. für eine 0,18 normale Salpeterlösung $\mu_{0,18} = 99,7$ und $\mu_\infty = 122$, so ist $\alpha = \frac{\mu}{\mu_\infty} = \frac{99,7}{122} = 0,81$, dann ist $i = 1 + \alpha = 1 + \frac{\mu}{\mu_\infty} = 1,81$. Die Übereinstimmung mit dem aus der Osmose u. s. f. erhaltenen Werte 1,75 lässt zu wünschen übrig.

Es handelt sich nun darum, für diese durch Versuche und Rechnung ermittelten Resultate eine Erklärung zu finden. Zunächst lag es nahe, daran zu denken, dass der gelöste Stoff eine Vermehrung seiner aktiven Moleküle erhalten habe. Dieser Annahme liess sich eine gewisse Berechtigung nicht absprechen. Ferner boten die Erscheinungen der Elektrolyse scheinbar einen Anhalt dafür, diese aktiven Moleküle in den Ionen zu erblicken. Diese Schlussfolgerung ist in der That von Arrhenius gezogen worden, muss aber, wie sich zeigen wird, als durchaus unzulässig bezeichnet werden.

Aus dem Gesetz für dissoziierte Gase, welches besagt, dass das Produkt der aktiven Massen der beiden Komponenten dividiert durch die aktive Masse des nicht dissoziierten Anteils, einer Konstanten K gleich ist (cfr. Seite 36), wurde von Ostwald das sog. Verdünnungsgesetz abgeleitet, welches lautet:

$$\frac{\mu^2}{\mu_\infty (\mu_\infty - \mu) \cdot V} = K.$$

Es bedeutet V das Volumen (in Litern), in welchem ein Gramm Molekül des gelösten Stoffes enthalten ist.

Es ist nun $\frac{1-\alpha}{V}$ die Konzentration des nicht dissoziierten Anteils und $\frac{\alpha}{V}, \frac{\alpha}{V}$ die Konzentration der beiden dissoziierten Teile, also $\frac{\alpha^2}{(1-\alpha) V} = K$. Setzt man für $\alpha$ den Wert $\frac{\mu}{\mu_\infty}$ so ergiebt sich obige Formel. Indessen hat dieselbe bei der stärkern anorganischen Säuren, Basen und Salzen versagt. Von Rudolphi-van t'Hoff wurde die Formel geändert in $\frac{\alpha^3}{(1-\alpha)^2 \cdot V} = K$. Dieselbe stimmt zwar besser mit den Thatsachen, aber dafür steht sie völlig ausser Zusammenhang mit der Theorie und hat nur einen empierischen Wert.

Unter Zugrundelegung der Nernst'schen Formel, die später erwähnt werden soll, suchte Jahn die Frage experimentell zu lösen, ob die Abweichungen nicht dadurch bedingt seien, dass die Ionenbeweglichkeit mit der Konzentration wechselt. Da das Leitvermögen sich nach Kohlrausch additiv aus der Beweglichkeit der beiden Ionen ergiebt, so müsste, wenn diese wechselt, der Quotient $\frac{\mu}{\mu_\infty} = \alpha$ den Grad der Dissoziation nicht richtig angeben, da die Leitfähigkeit dann nicht nur von $\alpha$, sondern auch von u und v abhängig war. Er folgert aus seinen Versuchen eine Steigerung der Ionenbeweglichkeit mit der Konzentration.

Da die Richtigkeit der Nernst'schen Formel von anderer Seite (Arrhenius) bestritten wird, so ist damit auch nichts gewonnen, und das Ostwald'sche Verdünnungsgesetz bleibt nach wie vor ein Schmerzenskind der Theorie.

Bei der Auflösung spaltet sich also angeblich ein der Konzentration umgekehrt proportionaler Teil der Moleküle des gelösten Stoffes in seine Ionen, zugleich erhält jedes Ion, respektive jede-Valenz eine Ladung von 96 465 Coulomb negativer oder positiver Elektrizität. Der Vorgang bei der Elektrolyse soll dann darin bestehen, dass die den Elektroden zugeführte Elektrizität sich mit der entgegengesetzten der zugewanderten Ionen ausgleicht und letztere unelektrisch abgeschieden werden.

Auf den ersten Blick mag diese Auffassung viel Bestechendes haben. Bei genauer Prüfung erkennt man bald, dass sie unhaltbar ist, sie führt zu einer ganzen Reihe von unlösbaren Widersprüchen und Kollisionen mit anerkannten Gesetzen der Physik, von denen einige hier erwähnt werden mögen. Sinkt in einer konzentrierten Lösung bei der Elektrolyse die Ionenkonzentration infolge der Abscheidung an den Elektroden, so sollen neue Moleküle sich in geladene Ionen spalten; das heisst doch nichts anderes, als dass im Elektrolyten in der Form von Ionenladungen dieselben Mengen von Elektrizität erzeugt werden, wie von der stromliefernden Maschine in derselben Zeit, nur von letzterer unter Verbrauch einer entsprechenden Menge anderer Energie im Elektrolyten aber aus nichts. Da ein hierfür heranzuziehender Energieverbrauch nicht nachweisbar, liegt also ein offenbarer Verstoss gegen das Gesetz von der Erhaltung der Kraft vor.

Ein Transport der Elektrizität, welche den Elektroden zugeführt wird, durch den Elektrolyten hindurch findet nach der Theorie nicht statt. Ein solcher muss aber unbedingt stattfinden, wenn mehrere Elektrolysiergefässe hinter einander geschaltet werden oder ein Durchgang der Elektrizität durch mehrere galvanische Elemente hindurch vorliegt. Es müssen entweder die Zersetzungen im Widerspruch mit dem Gesetze von der Erhaltung der Kraft, d. h. spontan stattfinden oder ein Transport von Elektrizität neben den geladenen Ionen angenommen, werden und wo bleibt dann das Faraday'sche Gesetz? Die Ionenladung ist überflüssig.

Die primäre Abscheidung des Wasserstoffs in gewissen Fällen findet keine Erklärung. Die ohnehin sehr geringe Dissoziation des Wassers soll nach der Theorie bei den Lösungen noch zurückgehen, kann also nicht für diesen Prozess herangezogen werden und einen Unterschied machen zu wollen zwischen den Ionen, welche den Transport der Elektrizität wohlverstanden der im Elektrolyten entstandenen, vermitteln, und denen, welche abgeschieden werden, für diese speziellen Fälle machen zu wollen ist eine durch nichts zu rechtfertigende Willkür. Wollte man diese Annahme verallgemeinern, so verlöre die Theorie allen Boden.

Warum die angenommene Zersetzung eintritt, wo die dazu nötige Energie herkommt, warum die Ionen ihre Ladungen unbegrenzt lange unverändert behalten, weshalb sie mit diesen enormen Ladungen nicht kollidieren, weshalb sie dieselben nur an die Elektroden abgeben, sind weitere Fragen, auf deren Beantwortung einfach verzichtet wird.

Das damit die seitherigen wohlbegegründeten Anschauungen der Chemiker geradezu auf den Kopf gestellt werden, dass die thermochemischen Daten, sowie die Thatsachen der Chemie darauf hinweisen, dass bei der Auflösung ganz andere Prozesse als die angenommenen stattfinden, wird unbeachtet gelassen. Wie sich die Sache bei Lösungen in andern Lösungsmitteln beim geschmolzenen oder festen Elektrolyten gestaltet, bleibt unaufgeklärt. Die Haftintensität (le Blanc), Elektroaffinität, das materielle, imponderable Elektron (Nernst) sind die Nothelfer dieser Theorie. Für jedes Problem, welches gelöst werden soll, schiessen wie bei den Köpfen der Hydra mehrere neue auf. Das ist dann doch ein sicheres Zeichen dafür, dass man mit dieser Theorie auf ein falsches Geleise geraten ist.

Bevor eine Erklärung der Elektrolyse versucht werden kann, ist es nötig, sich sowohl über die Beschaffenheit eines Elektrolyten, als auch das Wesen der elektrischen Kraft sich gründlichst zu informieren. Was zunächst den Elektrolyten anlangt, so unterscheidet er sich von den bisher betrachteten Medien nämlich Dielektrika und metallischen Leitern, ganz wesentlich. Bis auf den Beweis des Gegenteils muss man annehmen, dass die Atome der Metalle auch in ihren chemischen Verbindungen und sonst ihre charakteristischen Eigenschaften beibehalten, wenn dieselben auch durch die äusseren Umstände mehr oder weniger in ihrer Entfaltung beschränkt werden können.

Nun sieht man aber, wie die Metallatome im gelösten Elektrolyten, im geschmolzenen, wo sie mit den verschiedenartigsten anderen Elementen verbunden sein können, und endlich auch unter Umständen im festen Elektrolyten sich stets an der Kathode sammeln. Es muss dies also eine denselben an sich anhaftende Eigentümlichkeit sein, da sie unter so verschiedenen äusseren Bedingungen auftritt, keineswegs hat man darin eine besondere Eigenschaft der Lösungen zu erblicken. Es beruht dieses Verhalten auf ihrer Fähigkeit, welche auch sonst sie zu guten Leitern macht, nämlich wegen ihrer freien Beweglichkeit, die elektrische Kraft leicht anzunehmen. Da man nur eine Art der Elektrizität anerkennen kann, nämlich die negative, so wird ihnen diese von der Kathode aus mitgeteilt.

Der Elektrolyt kann demnach für die elektrische Kraft nicht als homogen betrachtet werden, vielmehr hat man es mit der gleichmässigen Verteilung von leitenden Teilchen in einem Dielektrikum zu thun. Es lässt sich daher hier ein mechanisches Prinzip anwenden, welches, in Worten formuliert, etwa lautet: Wirkt auf ein System eine Reihe von Kraftimpulsen derartig ein, dass nicht alle Kraftpunkte gleichmässig beeinflusst werden, so kommt es zu Potentialdifferenzen, und das System arbeitet in sich selbst. Es kommt dadurch zu Änderungen der räumlichen Beziehungen seiner Komponenten, d. h. in diesem Falle also bei der Elektrolyse zur Abscheidung bestimmter Bestandteile. Wie ein schwingender Körper andere nur unter ganz bestimmten Bedingungen (Resonatoren) zum Mitschwingen bringt, so sind auch Bestandteile eines gelösten Elektrolyten in ganz verschiedenem Grade befähigt, die elektrische Energie anzunehmen. Man vergleiche hierzu das im ersten Kapitel über den Kapazitätsfaktor der Kraft Gesagte (cfr. Seite 24).

Bei der Anwendung der Maxwell'schen Theorie auf die Elektrolyten könnte es vielleicht manchem fraglich erscheinen, ob sich in einem solchen überhaupt ein Kraftfeld bildet. Obgleich hiergegen gar keine Bedenken bestehen können, so sollen doch hierfür sprechende Erscheinungen kurz erwähnt werden. Zunächst lehrt die Erfahrung, dass bei Stromschluss, selbst bei grosser Entfernung der Elektroden, doch an beiden sofort die Zersetzungsprodukte auftreten, auch das sofortige Erscheinen der letzteren an eingeschalteten isolierten Leitern spricht dafür. Ferner sind die Versuche beweisend, welche gemacht wurden, um eine Elektrolyse zu erzielen, ohne dass die Elektroden direkt in den Elektrolyten tauchten. Eine Anzahl derartiger Experimente erwähnt Wiedemann. Die Elektroden waren teils durch die Luft, wie in den Versuchen von Lupkin, teils durch Glas, bei denen von Ostwald und Nernst, von dem Elektrolyten getrennt, oder es war der Elektrolyt durch eine Scheidewand von Glas geteilt, wie in dem Experiment von Grove. In allen Fällen konnte deutliche Elektrolyse nachgewiesen werden. Auch folgender Umstand spricht dafür: Wie erwähnt, erleidet die elektrostatische Kraft an der Grenze zweier Dielektrika eine Änderung und ist die Grenzfläche als der Sitz einer Ladung freier Elektrizität anzusehen. Man wird demnach an der Stelle, wo zwei verschiedene Elektrolyten aneinander grenzen, Erscheinungen ganz besonderer Art zu erwarten haben.

Diese sind auch in zahlreichen Fällen beobachtet worden und treten dann besonders deutlich hervor, wenn die Mischung durch poröse Wände durch einen feinen Spalt etc. verhindert wird. Sie sind, wie nicht anders zu erwarten, von der Konzentration der Kraftlinien und dem gewählten Elektrolyten abhängig.

Infolge der Ladung der Kathode entsteht also zunächst im Elektrolyten ein Kraftfeld, bedingt durch eine Energieanhäufung vermittelst der elektrostatischen Kraft und einer dadurch bedingten elektrischen Verschiebung. Am stärksten werden hiervon die leicht beweglichen Metallatome im allgemeinen betroffen, sie treten aus ihren Verbindungen aus und werden abgeschieden.

Ausser den Atomen der Metalle kommt auch noch denen des Wasserstoffs die Fähigkeit zu, direkt an der Kathode abgeschieden zu werden. Selbstverständlich ist damit nicht der gesamte in der Lösung vorhandene Wasserstoff gemeint, sondern nur ein bestimmter aktiver Teil desselben. Dieser letztere zeigt hier ebenso wie bei einer ganzen Reihe chemischer Prozesse entschieden metallische Eigenschaften. Schon der Umstand, dass er neben den Metallen das einzige Element ist, welches direkt an der Kathode abgeschieden wird, weist darauf hin.

Durch Daniell hatte bekanntlich die Anschauung Aufnahme gefunden, dass die Wasserstoffabscheidung an der Kathode in gewissen Fällen, z. B. bei der Elektrolyse der Alkalisalze, auf sekundären Prozessen beruhe. Indessen zwangen gewisse hiermit nicht vereinbare Umstände, wie die Stärke der Polarisation, die Zersetzungsspannung und endlich die thermochemischen Messungen, zur Aufgabe dieser Idee. Der Wasserstoff wird also primär abgeschieden. Dieser metallischen Eigenschaft gewisser, infolgedessen auch leicht substituierbarer Wasserstoffatome verdanken z. B. die Säuren allein ihre Fähigkeit, elektrolytisch zersetzt zu werden. Die Abscheidung der Metalle und des Wasserstoffes erfolgt also nach dem Princip der kleinsten Wirkung, wonach eine Kraft nach der Richtung ihre Wirkung entfaltet, nach welcher sie sich am raschesten in Bewegung umsetzen kann (cfr. Seite 17).

Die durch die Abscheidung des Metalles bezw. Wasserstoffes eines bestimmten Teiles ihrer Intensität (Spannung) beraubte elektrische Kraft teilt sich den chemisch damit verbundenen übrigen Bestandteilen mit. Dabei ist zu beachten, dass der Bestand einer chemischen Verbindung in hohem Grade von ihrem Energiegehalte abhängig ist. Man darf daher erwarten, dass eine Energieänderung, die zudem die verschiedenen Komponenten in ganz verschiedenen Verhältnissen trifft, weitgehende chemische Umsetzungen zur Folge haben wird, ja dass sie Verbindungen schaffen wird, die sonst gar nicht existenzfähig sind. Einige derartige von etwas grösserer Dauerhaftigkeit sind die Überkohlensäure, die Überschwefelsäure, das Wasserstoffsuperoxyd und so fort. Ohne die Elektrolyse wäre wohl die Überkohlensäure nie gefunden worden. Wer weiss, was für Verbindungen sich im Schoosse eines Elektrolyten nicht alle bilden, wovon man nichts gewahr wird, weil sie beim Aufhören des Zwanges, unter dem sie entstanden sind, d. h. bei Stromöffnung, sofort wieder in einfachere, stabilere sich umwandeln.

Daher ist es begreiflich, wenn selbst über scheinbar einfache Vorgänge, wie z. B. die Chloratbildung bei der Zersetzung der Chloride, die Vorgänge im Bleiakkumulator etc., sobald sie genauer studiert werden, fast ebensoviel Erklärungsversuche existieren, als Autoren sich damit beschäftigt haben, ohne dass man entscheiden kann, wer Recht hat, da der Vorgang beim jetzigen Stand unserer Kenntnis gar nicht exakt verfolgt werden kann, sondern nur Mutmassungen gestattet.

Ferner werden derartige Produkte die ihnen aufgezwungene Energie bei der ersten sich darbietenden Gelegenheit wieder abgeben unter Rückkehr zu stabilen Verhältnissen. Gelegenheit hierzu finden sie beim Zusammentreffen mit einem Leiter. Abgabe von Energie und Zerfall ist das Resultat. Man kann also streng im Rahmen der Maxwell'schen Vorstellung des Zwangszustandes bleiben.

Über die Elektrizitätserzeugung im galvanischen Element ist folgendes zu sagen. Zunächst kann eine Produktion von Energie nur an der Anode stattfinden, wo die Auflösung des Metalles erfolgt. Dieser Vorgang aber ist hier ein durchaus ungleichmässiger. Die von der Bearbeitung herrührende verschiedene Dichte des Metalles an den einzelnen Stellen, die Beimengung fremder Bestandteile, die Einwirkung der Schwere, die weiterhin in der Lösung auftretenden Temperaturdifferenzen etc. werden bewirken, dass der chemische Prozess in ganz verschiedener Weise und Intensität über die Oberfläche verteilt abläuft. Dass dadurch eine gleichmässige, schwingend verlaufende Bewegung zu stande kommt, ist sehr unwahrscheinlich; vielmehr erscheint es geboten, die bei der Lösung eines jeden Metallatoms frei werdende kinetische Energie als gesonderten Impuls zu betrachten, und da man nicht weiss, wie weit dieselbe von dem anderen in Verbindung tretenden Bestandteil, also hier der OH-Gruppe, aus dem Wasser herrührt, für jede Valenz einen gesonderten Impuls anzunehmen. Die elektrische Kraft erscheint demnach als eine besondere Art von Bewegung der Atome, die sich unter Vermittelung des Äthers von Atom zu Atom weiter fortpflanzt. Die Stromstärke ergiebt sich dann einfach als Zahl der Atomimpulse in der Zeiteinheit, die Spannung aus der Intensität jedes einzelnen. Diese mechanische Vorstellung bleibt vorläufig die einzig brauchbare, da es nicht möglich ist, wie gesagt, anzugeben, wie die einzelnen Stösse sich zu einer geordneten Bewegung kombinieren, und man andererseits eine sehr einfache und anschauliche Erklärung nicht nur für die Kraftfaktoren, sondern auch für das Faraday'sche Gesetz erhält. Indem man berücksichtigt, dass für jede Valenz ein besonderer Impuls nötig ist, sieht man leicht ein, dass die zur Zersetzung nötige Stromstärke der Anzahl der abgeschiedenen Atome und getrennten Valenzen genau entsprechen muss. Man bleibt dabei auch streng auf dem Boden der herrschenden Anschauungen aus der mechanischen Wärmetheorie. Im Verhältnis zur Langsamkeit, mit welcher die Lösung der Metallatome erfolgt, ist dabei die Fortpflanzung der einzelnen Impulse im metallischen Leiter eine so rasche, dass eine Addition derselben und Steigerung der Intensität ausgeschlossen erscheint. Anders verhält es sich hiermit bei der Fortleitung durch einen Elektrolyten, etwa ein anderes Element.

Nachdem so durch Betrachtung der Erscheinungen bei der Elektrolyse und speziell auch der Elektrizitätserzeugung im galvanischen Element eine bestimmte Vorstellung über das Verhalten der Elektrolyte hierbei gewonnen ist, kann man zu dem Versuche übergehen, diese Resultate mit ihrem sonstigen Verhalten in physikalischer und chemischer Beziehung, wie es im III. Kapitel geschildert wurde, in Einklang zu bringen. Zu diesem Zwecke ist es nötig, auf die Gasgleichung $PV = RT$ zurückzugreifen. Es ist gezeigt worden, dass die Abweichungen, welche die Gase hiervon zeigen, zum Teil sich dadurch erklären liessen, dass man die zwischen ihren Molekülen wirksame Attraktion in Betracht zog, welche eine Verminderung des auf der lebendigen Kraft der Moleküle beruhenden Druckes P zur Folge haben müsste. Man würde nun aber für den mechanischen Effekt, d. h. die Druckabnahme, eine ebenso ausreichende Erklärung gefunden haben in der Annahme, dass die Anzahl der Moleküle sich vermindert habe etwa durch in entsprechendem Masse stattfindende Vereinigung zu Doppelmolekülen. Dies ist nun nicht geschehen — warum, interessiert hier nicht weiter — und damit anerkannt, dass die Anzahl der Moleküle nicht der einzig massgebende Faktor für den Gasdruck ist. Die Analogie einer Lösung mit einem Gase besteht nun nur darin, dass die Moleküle des gelösten Stoffes sich infolge ihrer lebendigen Kraft ebenso gleichmässig in der Lösung verbreiten wie die Moleküle eines Gases in dem dargebotenen Raum, wodurch in beiden Fällen die gleiche Arbeit geleistet werden kann. Die thermochemischen Daten, sowie das Verhalten in chemischer und physikalischer Beziehung haben nun aber ergeben, dass die Salze in Lösung aus Säure und Basis bestehen, sowie dass die Säuren und Basen mit dem Wasser Verbindungen eingehen, wobei letzteres der Säure gegenüber die Rolle einer Basis und der Basis gegenüber die einer Säure spielt (Mondelejeff). Dadurch müsste die Zahl der aktiven Moleküle sich einfach verdoppeln. Wenn nun kein entsprechender Effekt eintritt, so könnte dies darauf beruhen, dass den mit einander verbundenen Molekülen eine mehr oder weniger grosse Selbstständigkeit zukommt, eventuell noch eine besondere Einwirkung des Wassers vorliegt, von dessen Gegenwart man nicht einfach absehen kann. Es würden damit sich die Abweichungen in Bezug auf osmotische Arbeit, Gefrierpunkt, Siedepunkt und Dampfdruck erklären lassen, nicht aber das Verhalten bei der Elektrolyse, denn hier zeigte es sich, dass die Metallatome und zum Teil der Wasserstoff es sind, welche eine aktive Rolle spielen, und dass dies eine diesen Elementen an sich zukommende Eigenschaft ist, welche in ihrer Entfaltung durch die äusseren Umstände nur modifiziert werden kann. Beide Reihen von Thatsachen lassen eine befriedigende Erklärung nur dann zu, wenn man annimmt, dass jene, die Lösung begleitenden chemischen Umsetzungen zugleich mit Prozessen verbunden sind, resp. sie verursachen, welche diese Reaktion der Metallatome bezw. eines Teils des Wasserstoffes gegenüber der einwirkenden elektrischen Kraft bei einer mehr oder weniger grossen Anzahl derselben oder auch graduell verschieden hervortreten lassen. Für die Elektrizität kommt lediglich das Verhalten der Atome, für die übrigen Erscheinungen aber der Molekularzustand in Betracht. Damit ist aber allerdings noch nicht bewiesen, dass für letztere Fälle die Atombeschaffenheit völlig irrelevant ist, vielmehr ist dies eine Frage, für deren Beantwortung unsere jetzigen Kenntnisse der molekularen Kräfte noch durchaus unzureichend sind, was vor voreiligen Hypothesen warnen muss.

Mit Rücksicht auf die vorausgegangenen Feststellungen können nun noch einige Vorgänge bei der Elektrolyse etwas genauer verfolgt werden. Der von der Kathode ausgehende elektrische Impuls wird zunächst den Atomen der Metalle oder denen des aktiven Wasserstoffs mitgeteilt. Es liegt nun nicht der mindeste Grund vor, zwischen den Elektrolyten, wo Wasserstoff abgeschieden wird und denen, wo dies nicht geschieht, einen Unterschied zu machen. Man hat daher auch in letzteren aktiven Wasserstoff anzunehmen. Derselbe kann der Säure oder dem Wasser, welches deren Stelle oder diejenige der Basis vertritt, angehören. Abgeschieden wird immer derjenige Bestandteil, welcher die geringste Spannung erfordert. Doch spielt auch die Beschaffenheit der Elektrode eine wichtige Rolle hierbei. Bei entsprechender Spannung werden auch wohl beide aktiven Bestandteile abgeschieden. So bildet sich in Kupfersalzlösungen Kupferwasserstoff $Cu_2 H_2$, oder das Metall okkludiert Wasserstoff und erscheint schwammig oder porös, brüchig. An der Anode tritt ausser der Säure noch Sauerstoff, welcher dem Hydroxyl der Basis oder dem diese vertretenden Wasser entstammt, auf. Auch bei den Salzen findet teilweise eine derartige Substitution statt. Bei der Zersetzung der Chloride und der Salzsäure erscheint daher an der Anode Chlor oder Sauerstoff oder beide, wodurch die Möglichkeit für die Bildung sämtlicher Oxydationsstufen des Chlors bis zur Überchlorsäure gegeben ist. Bei der Abscheidung der Metalle oder des Wasserstoffs verliert der mitgeteilte Impuls nur einen entsprechenden Teil seiner Intensität, der Rest von seiner Energie geht auf die mit den Kationen in Verbindung gewesenen Bestandteile über, um bei deren Abscheidung an der Anode frei zu werden und im Stromkreise weiter zu verlaufen. Es ist nun die Annahme nicht nötig, dass diese Anionen bis zur Anode wandern, vielmehr wird die Wirkung des Kraftfeldes im Elektrolyten eine Übertragung der Energie von Molekül zu Molekül bedingen, so dass eine Verschiebung stattfindet, bis die entsprechenden Bestandteile an der Anode frei werden.

Der Prozess der Elektrolyse setzt sich also aus zwei Vorgängen zusammen, deren einer die Basis trifft und der andere die damit verbundene Säuren respektive das deren Rollen spielende Wasser. Hieraus erklären sich die Gesetze von Hittorff und Kohlrausch ohne Schwierigkeit.

Auch die Mitteilungen über das galvanische Element bedürfen noch einer entsprechenden Ergänzung. Zunächst ist der prinzipiell wichtige Unterschied zwischen offenem und geschlossenen Element festzustellen. Nach der Rolle, welche die Metalle darin spielen, lassen sie sich in folgende Reihe ordnen: K, Na, Ba, Sr, Ca, Mg, Al, Mn, Zn, Cd, Fe, Co, Ni, Sn, Pb, »H«, Cu, As, Bi, Sb, Hg, Ag, Pd, Pt, Au. In dieser Reihe bezeichnet der Wasserstoff den Nullpunkt. Ihre Bedeutung ist die, dass sämtliche vor H stehende Elemente das Wasser von selbst zu zersetzen vermögen und daher eine sog. negative Ladung annehmen, während die hinter H stehenden nur bei Energiezufuhr zersetzen können und infolge dessen eine positive Ladung erhalten. Es sinkt nämlich ihre natürliche Ladung durch Energieabgabe zu diesem Zwecke. Dass selbst Gold nicht widerstandsfähig ist, besonders wenn Salzlösungen, vor allem die der Chloride darauf einwirken, wurde schon erwähnt. Sauerstoffgegenwart begünstigt diesen Prozess, ist aber nicht unbedingt erforderlich, besonders für die äusserst minimalen Mengen, in welchen sich Hydroxyd, zumal bei den edleren Metallen bildet. Ob hier auch eine reine Kontaktwirkung mitspielt, erscheint fraglich, jedenfalls erfolgt sie im Sinne der erwähnten chemischen Prozesse. Negative Ladung ist also eine Steigerung, positive eine Verminderung der natürlichen.

Für das geschlossene Element ist nun die Bedeutung der Reihe eine ganz andere, wie nicht genug betont werden kann. In diesem findet an der Kathode keine Bildung von Metallhydroxyd statt, sondern genau das Gegenteil, nämlich Zersetzung von solchen unter Abscheidung von Metall, wozu die Energie durch den äusseren Schliessungsbogen von der Anode her zugeführt wird, eventuell findet hier elektrolytische Abscheidung von Wasserstoff statt. Die Betrachtung der chemischen Prozesse im Element führt also mit Notwendigkeit zu dem Resultat, dass nur an der Anode Energie entwickelt wird, während an der Kathode solche verbraucht wird. Die unabweisbare Konsequenz hiervon ist der auch aus physikalischen Erscheinungen schon gezogene Schluss, dass die negative Elektrizität eigentlich d i e Elektrizität ist.

Im Anschluss hieran ist der Vorgang in den Konzentrationsketten zu besprechen. Nach dem Massenwirkungsgesetz tritt eine chemische Reaktion um so schwieriger ein, je grösser die Konzentration des schon gebildeten Reaktionsproduktes bereits ist. An dem Beispiel der Schwefelsäure war gezeigt, dass ihre Einwirkung auf Zink um so schwieriger erfolgt je weniger Wasser sie enthält. Das Wasser wird von der Schwefelsäure chemisch gebunden und kann daher vom Zink nicht mehr unter Bildung von Hydroxyd zersetzt werden, vielmehr greift dieses beim Erhitzen die Schwefelsäure an und entzieht ihr Hydroxyl und Sauerstoff unter Abscheidung von S und $SO_2$.

In gleicher Weise kann man annehmen, dass das Wasser von dem gelösten Salz gebunden wird, der Konzentration entsprechend, und somit die Einwirkung des Metalles erschwert wird.

Man kann auch eine in entgegengesetzter Richtung vor sich gehende Reaktion supponieren. Die Wirkung wird in beiden Fällen dieselbe sein. Wenn C die Konzentration (in Gramm-Molekülen pro Liter) bezeichnet, ferner d P die Spannungsänderung, welche der Konzentrationsänderung d C entspricht, so erhält man die Gleichung $\frac{dP}{dC} = -k\frac{1}{C}$, das heisst, die Spannung ist eine Funktion der Konzentration und nimmt um so mehr ab, je mehr diese zunimmt. k ist ein von der Natur des betreffenden chemischen Prozesses abhängiger Proportionalitätsfaktor. Durch Integration erhält man $-P = \int \frac{k}{C} dC = k \cdot lC + c$, zur Bestimmung der Integrationskonstante c beachte man, dass P zu Null wird, wenn das der jeweiligen Temperatur entsprechende Maximum der Konzentration $C_t$ erreicht wird. Also $c = -k \cdot l C_t$ Unter Berücksichtigung des negativen Wertes des Differentialquotienten erhält man $P = k \cdot (l C_t - l C) = k \cdot l \cdot \frac{C_t}{C}$. Da $C_t$ von der Temperatur abhängt in der Weise, dass mit steigender Temperatur im allgemeinen auch stärkere Konzentrationen möglich sind, so ist auch P von der Temperatur abhängig. An der Kathode des Elementes, es möge ein Daniell'sches sein, erhält man ebenso $P' = k' \cdot l \frac{C'_t}{C'}$. Die Potentialdifferenz wird also

$$P - P' = k \cdot l \frac{C_t}{C} - k' \cdot l \frac{C'_t}{C'}.$$

Dass es durch entsprechende Wahl von k und k' mit Leichtigkeit gelingt, in die Formel die Gaskonstanten hineinzupraktizieren, mag erwähnt werden, um zu zeigen, dass die Brauchbarkeit der Nernst'schen Formel weder für den dem osmotischen Druck analogen Lösungsdruck irgend einen Beweis enthält, noch für die ausschliessliche Berechtigung der Gasgleichungen im vorliegenden Fall. Die logarithmische Funktion ist diejenige, nach welcher sich eine ausserordentlich grosse Zahl von Naturvorgängen abspielt, sie hat gar nichts für die Gase spezifisches.

Zum Schluss mag noch ein Vorgang erwähnt werden, welcher vielfach für die Berechtigung der Theorie der elektrolytischen Dissoziation als Beweis herangezogen wird.

Er betrifft die Elektrolyse durch minimale Ströme. Eine elektrolytische Zelle kann ohne weiteres als ein galvanisches Element betrachtet werden. Bestehen die Elektroden aus demselben Metall in der Lösung eines seiner Salze, so stellt sie ein galvanisches Element dar, welches beiderseits dasselbe Potential hat. Die geringste Differenz im chemischen Gleichgewicht muss seine Thätigkeit wecken, eine Konzentrationsänderung an einer Elektrode genügt schon. Eine solche Verschiebung des chemischen Gleichgewichts findet unter allen Umständen statt, wenn ein selbst ganz minimaler elektrischer Strom hindurchgeleitet wird. Die Zelle produziert jetzt selbst Elektrizität, welche sich zu der des ursprünglichen Stromes hinzuaddiert und eine weitere Störung des chemischen Gleichgewichts bedingt, bis wie beim Prinzip der Dynamomaschine der volle Effekt erreicht ist. Die Metalle verhalten sich nicht indifferent zu den Lösungen ihrer Salze und das Wasser spielt in den letzteren eine wichtige chemische Rolle. Zur Elektrolyse im gegebenen Falle ist ein zur Überwindung des Widerstandes, für welchen die Joule'sche Wärme einen Massstab abgiebt, genügender Strom schon fähig.

# Schlusswort.

In den vorstehenden vier Kapiteln wurde die Mechanik der Atome sowohl einzeln, als in ihrer Vereinigung zu Molekülen in den verschiedenen Aggregatzuständen bei chemischen Prozessen und der Elektrolyse genauer verfolgt, nach anderen Richtungen konnten nur Andeutungen gemacht werden. Die Basis war dabei nur die Annahme bestimmter Bewegungen derselben unter der Wirkung von Attraktionskräften. Die elektrische Kraft wurde dabei nur als besondere Bewegungsform betrachtet und auch für die Anziehungskräfte es wahrscheinlich gemacht, dass sie nichts anderes seien als eine solche. Das fundamentalwichtige Resultat, welches erhalten wurde, besteht darin, dass die Prinzipien und Gesetze der analytischen Mechanik, wie dies in der mechanischen Wärmetheorie bereits zum Teil geschehen, auch noch weiterhin mit grösstem Erfolge sich hier anwenden lassen, und dass besonders die komplizierten Moleküle sich als adiabatisch cyklische Systeme erweisen und die Anwendung der für diese geltenden Gesetze mit grossem Erfolge gestatten, im Gegensatz zu den einatomigen Molekülen der Metalle, deren Bewegung als eine mehr oder weniger freie zu betrachten ist.

Gedruckt bei Imberg & Lefson in Berlin SW.

FSC
www.fsc.org
MIX
Papier | Fördert
gute Waldnutzung
FSC® C083411

Zeitfracht Medien GmbH
Ferdinand-Jühlke-Straße 7
99095 Erfurt, Deutschland
produktsicherheit@kolibri360.de